垂钓园
水产品质量安全控制手册

李 英 方 芳 于寒冰 主编
北京市农产品质量安全中心 组编

中国农业科学技术出版社

图书在版编目(CIP)数据

垂钓园水产品质量安全控制手册／李英，方芳，于寒冰主编 .--北京：中国农业科学技术出版社，2025.7.--ISBN 978-7-5116-7416-6

Ⅰ.TS254.7-62

中国国家版本馆 CIP 数据核字第 2025E69Y00 号

责任编辑　张　羽
责任校对　王　彦
责任印制　姜义伟　王思文

出 版 者	中国农业科学技术出版社
	北京市中关村南大街 12 号　　邮编：100081
电　　话	(010) 82109705 (编辑室)　　(010) 82106624 (发行部)
	(010) 82109709 (读者服务部)
网　　址	https://castp.caas.cn
经 销 者	各地新华书店
印 刷 者	北京建宏印刷有限公司
开　　本	170 mm×240 mm　1/16
印　　张	11.875
字　　数	200 千字
版　　次	2025 年 7 月第 1 版　2025 年 7 月第 1 次印刷
定　　价	59.00 元

◀━━ 版权所有·翻印必究 ━━▶

《垂钓园水产品质量安全控制手册》编委会名单

主　　编：李　英　方　芳　于寒冰
副 主 编：孙　娟　沈　媛　杨　静　贾　晨
　　　　　陈　翔　吴　仑
编写人员（按姓氏笔画排序）：
　　　　　于寒冰　方　芳　孙　娟　李　英
　　　　　杨　静　吴　仑　沈　媛　陈　翔
　　　　　宗　超　赵春晖　贾　晨　高　峰
组　　编：北京市农产品质量安全中心

前　言

随着我国社会经济快速发展与居民消费水平持续提升，人们对休闲娱乐的需求与日俱增。休闲垂钓产业凭借其独特的魅力顺势崛起，并迎来了前所未有的繁荣局面。相关统计数据显示，我国钓鱼爱好者人数已攀升至1.4亿，并且这一数字还在以可观的速度持续增长，足见休闲垂钓的吸引力与影响力。然而，产业的高速扩张也带来了诸多挑战，其中水产品质量安全问题尤为突出，已然成为制约休闲垂钓产业健康、可持续发展的关键因素。

水产品质量安全作为食品安全的有机组成部分，直接关涉公共卫生安全与消费者健康权益，始终是关乎生命健康的核心议题。从传统的水产品市场流通，到如今休闲垂钓这一新兴消费场景，人们对于所接触、消费的水产品，始终秉持着严苛的安全标准，期望它们远离各类污染，确保安全可靠。在垂钓园，消费者不仅享受着垂钓带来的乐趣，对钓获水产品的安全性更是高度关注。一旦出现质量安全问题，其负面影响将呈多层面扩散，这不仅直接危害消费者的身体健康，还将对垂钓园的品牌形象造成毁灭性打击，严重时甚至可能波及整个休闲渔业产业链，阻碍行业的长远发展。

基于对现实问题的深刻洞察与深入思考，编者凭借多年对水产品质量安全管理领域的专业研究和积累，在连续多年针对垂钓园水产品质量安全开展实地调研和风险评估的基础上，吸收了国内外最新的技术成果，结合北京市休闲渔业发展实际情况，精心编撰了这本《垂钓园水产品质量安全控制手册》。其目的在于为整个休闲垂钓行业提供一套全面、系统且具有实操性的质量安全控制指南。

本手册在内容编排上精心布局，逻辑清晰，层次分明。开篇对当前休闲垂钓产业的发展态势进行了深入剖析，旨在帮助读者清晰把握行业发展脉络，为后续理解质量安全问题的产生背景奠定基础。随后，详细阐述了影响水产品质量安全的主要因素，精准定位关键控制环节，为解决问题提供了明确方向。在核心内容板块，从垂钓经营前准备、垂钓期管理、通用技术要求等环节入手，围绕场址选择、垂钓池环境、放养管理、投入品管理、垂钓用品管理、日常管理、追溯管理、废弃物收集处理、人员管理、智能化设施设备、生产过程检查、记录管理等多个关键维度，深入细致地规范了垂钓园水产品质量安全内部控制技术，为从业者提供了具体的操作方法与流程。同时，针对影响水产品质量安全的重点药物残留问题，梳理了一系列快速检测方法，助力从业者高效、精准地开展质量把控工作。此外，考虑到行业经营的合规性需求，手册还精心汇总了休闲垂钓领域所涉及的相关法律法规及要求，方便从业者随时查阅，确保经营活动严格遵循法律规范。

我们衷心期望，这本手册能够成为休闲垂钓经营者、水产品质量安全检测人员、监管人员以及科研人员和高校相关专业师生的得力助手。无论是在日常经营管理、质量检测工作，还是在学术研究、专业学习中，都能从手册中获取有价值的信息与帮助。我们相信，通过各方的共同努力与对本手册的广泛应用，一定能够有效突破当前休闲渔业面临的水产品质量安全瓶颈，推动行业朝着更加稳健、有序、可持续的方向发展，开创休闲渔业发展的新局面。

在本书的编写过程中，我们引用或参考了同行的研究成果。由于篇幅所限，在参考文献部分未能全部列出，对此，我们向未列出文献的作者致以诚挚的歉意，并向本书所有文献的作者致以衷心的感谢。同时，本书的完成也离不开领导和业界同人的大力支持，在此，我们向他们致以最诚挚的感谢。由于编者水平有限，手册难免出现疏漏，恳请广大读者批评指正，我们将虚心接受并不断完善。

编者

2025 年 4 月

目　录

第1章　休闲垂钓的发展历史与现状 … 1
1.1　休闲垂钓在国内的发展历史 … 1
1.1.1　休闲垂钓的起源与早期发展 … 1
1.1.2　封建社会时期休闲垂钓的发展 … 2
1.1.3　近现代休闲垂钓的发展 … 3
1.2　休闲垂钓在国外的发展历史 … 4
1.2.1　欧洲休闲垂钓的发展 … 4
1.2.2　美国休闲垂钓的发展 … 5
1.3　休闲垂钓在国内的发展现状 … 5
1.3.1　市场规模 … 5
1.3.2　消费群体 … 6
1.3.3　垂钓方式与赛事 … 7
1.4　休闲垂钓在国外的发展现状 … 8
1.4.1　美国 … 8
1.4.2　加拿大 … 9
1.4.3　其他国家 … 10
1.5　国内外休闲垂钓发展对比与启示 … 11
1.6　展望 … 12

第2章　影响休闲垂钓水产品质量安全的主要因素 … 14
2.1　垂钓池环境 … 14
2.1.1　水环境污染 … 15
2.1.2　水体富营养化 … 15
2.2　水生动物的来源 … 16
2.3　放养密度 … 16

2.4　养殖投入品 ··· 17
　　2.4.1　饲料与添加剂 ·· 17
　　2.4.2　渔药 ··· 18
　2.5　垂钓用品 ·· 19
　　2.5.1　钓饵与窝饵 ·· 19
　　2.5.2　钓钩、钓线、浮漂、抄网等其他垂钓用品 ········· 20
　2.6　人为因素 ·· 21
　　2.6.1　垂钓者不当行为 ··· 21
　　2.6.2　经营者管理缺失 ··· 21
　2.7　结论 ··· 22
第3章　垂钓经营前准备 ·· 23
　3.1　垂钓园场址选择 ·· 23
　3.2　垂钓园环境用水要求 ··· 23
　　3.2.1　水质标准 ·· 23
　　3.2.2　水质检测 ·· 25
　　3.2.3　用水量 ··· 25
　　3.2.4　排放水要求 ·· 26
　3.3　垂钓园底质要求 ·· 27
　3.4　垂钓园池塘的清整与消毒 ······································· 27
　　3.4.1　清整池塘 ·· 27
　　3.4.2　消毒处理 ·· 28
　3.5　垂钓园放养管理 ·· 29
　　3.5.1　水产品来源控制 ··· 29
　　3.5.2　运输 ·· 30
　3.6　放养 ··· 32
第4章　垂钓期经营管理 ·· 33
　4.1　投入品管理 ·· 33
　　4.1.1　兽药管理 ·· 33
　　4.1.2　渔用饲料管理 ·· 35
　　4.1.3　管理要点 ·· 36
　4.2　垂钓用品管理 ··· 36

	4.2.1	钓具管理 …………………………………………………	37
	4.2.2	垂钓饵料管理 ………………………………………………	37
4.3	日常管理	…………………………………………………………	39
	4.3.1	池塘与水质管理 ……………………………………………	40
	4.3.2	鱼类资源管理 ………………………………………………	40
	4.3.3	设施与环境管理 ……………………………………………	40
	4.3.4	服务与安全管理 ……………………………………………	41
	4.3.5	水产品质量安全管理 ………………………………………	42
4.4	追溯管理	…………………………………………………………	49
	4.4.1	追溯制度的重要性与意义 …………………………………	49
	4.4.2	追溯制度的关键记录内容 …………………………………	50
	4.4.3	投入品留样管理 ……………………………………………	52
	4.4.4	追溯管理体系的实施与保障 ………………………………	53

第5章 通用技术要求 …………………………………………………… 55

5.1	废弃物收集处理 ……………………………………………………		55
	5.1.1	深埋法的技术工艺 …………………………………………	55
	5.1.2	操作注意事项 ………………………………………………	55
5.2	人员管理 ……………………………………………………………		56
	5.2.1	人员健康 ……………………………………………………	56
	5.2.2	人员培训 ……………………………………………………	58
	5.2.3	培训方式 ……………………………………………………	62
	5.2.4	培训时间 ……………………………………………………	62
	5.2.5	培训记录 ……………………………………………………	62
	5.2.6	人员档案 ……………………………………………………	62
5.3	智能化设施设备 ……………………………………………………		63
	5.3.1	视频监控系统 ………………………………………………	63
	5.3.2	水质监测设备 ………………………………………………	64
	5.3.3	自动采样器 …………………………………………………	64
	5.3.4	自动控制系统 ………………………………………………	64
5.4	生产过程检查 ………………………………………………………		65
	5.4.1	垂钓设备检查 ………………………………………………	65

5.4.2　水质监测记录 ·· 65
　　5.4.3　垂钓行为规范 ·· 65
　　5.4.4　安全设施检查 ·· 66
　　5.4.5　环境卫生检查 ·· 66
　　5.4.6　设备运行状态 ·· 66
　　5.4.7　生产过程检查记录 ·· 67
　5.5　记录管理 ·· 67
　　5.5.1　专人负责 ·· 67
　　5.5.2　定期收集 ·· 67
　　5.5.3　检查与核对 ·· 67
　　5.5.4　妥善保存 ·· 67

第6章　水产品质量安全快速检测技术 ·· 69
　6.1　水产品中氯霉素的快速检测胶体金免疫层析法 ·································· 72
　　6.1.1　原理 ·· 72
　　6.1.2　试剂和材料 ·· 72
　　6.1.3　仪器和设备 ·· 73
　　6.1.4　分析步骤 ·· 74
　　6.1.5　结果判定要求 ·· 75
　　6.1.6　结论 ·· 76
　　6.1.7　性能指标 ·· 76
　6.2　水产品中硝基呋喃类代谢物快速检测方法 ·· 77
　　6.2.1　原理 ·· 77
　　6.2.2　试剂和材料 ·· 77
　　6.2.3　仪器和设备 ·· 79
　　6.2.4　分析步骤 ·· 79
　　6.2.5　测定步骤 ·· 80
　　6.2.6　质控试验 ·· 81
　　6.2.7　结果判定要求 ·· 81
　　6.2.8　结论 ·· 82
　　6.2.9　性能指标 ·· 82
　6.3　水产品中地西泮残留的快速检测方法 ·· 83

6.3.1 原理 ………………………………………………………………… 84
6.3.2 试剂和材料 …………………………………………………………… 84
6.3.3 仪器和设备 …………………………………………………………… 85
6.3.4 环境条件 ……………………………………………………………… 86
6.3.5 分析步骤 ……………………………………………………………… 86
6.3.6 结果判定要求 ………………………………………………………… 87
6.3.7 结论 …………………………………………………………………… 88
6.3.8 性能指标 ……………………………………………………………… 88
6.4 水产品中孔雀石绿的快速检测胶体金免疫层析法 …………………… 89
6.4.1 原理 …………………………………………………………………… 89
6.4.2 试剂和材料 …………………………………………………………… 90
6.4.3 仪器 …………………………………………………………………… 91
6.4.4 分析步骤 ……………………………………………………………… 91
6.4.5 结果判定要求 ………………………………………………………… 93
6.4.6 结论 …………………………………………………………………… 94
6.4.7 性能指标 ……………………………………………………………… 94
6.5 水产品中恩诺沙星、诺氟沙星和环丙沙星残留的快速筛选测定
    胶体金免疫渗滤法 …………………………………………………… 95
6.5.1 原理 …………………………………………………………………… 95
6.5.2 试剂 …………………………………………………………………… 95
6.5.3 仪器 …………………………………………………………………… 96
6.5.4 测定步骤 ……………………………………………………………… 96
6.5.5 结果判断 ……………………………………………………………… 97
6.5.6 灵敏度 ………………………………………………………………… 97
6.6 动物源性食品中四环素类药物的快速检测方法 ……………………… 97
6.6.1 原理 …………………………………………………………………… 97
6.6.2 试剂和材料 …………………………………………………………… 98
6.6.3 仪器和设备 …………………………………………………………… 99
6.6.4 分析步骤 ……………………………………………………………… 100
6.6.5 测定步骤 ……………………………………………………………… 100
6.6.6 质控试验 ……………………………………………………………… 100

6.6.7　结果判定要求 …………………………………… 100
　　6.6.8　结论 ………………………………………………… 101
　　6.6.9　性能指标 …………………………………………… 101
第7章　相关法律 ……………………………………………… 103
　中华人民共和国渔业法 ……………………………………… 103
　中华人民共和国农产品质量安全法 ………………………… 112
　农业农村部办公厅关于加快推进承诺达标合格证制度试行工作的通知
　　………………………………………………………………… 129
　食用农产品市场销售质量安全监督管理办法 ……………… 139
　垂钓园水产品质量安全控制规范 …………………………… 150
　关于发布《淡水人工钓场自律守则》的通知 ……………… 164
　休闲渔庄经营与服务规范 …………………………………… 166
参考文献 ……………………………………………………… 172

第1章 休闲垂钓的发展历史与现状

垂钓,俗称"钓鱼",是一种使用钓竿、钓线、鱼钩和鱼饵等工具,从水体中捕捉鱼类的活动。它作为一项古老而又充满魅力的活动,其历史可以追溯到远古时期。在人类社会发展的早期阶段,垂钓主要是一种获取食物的生产活动,对于人类的生存和繁衍具有至关重要的意义。随着时间的推移和社会的进步,尤其是在现代社会,人们的物质生活水平得到了极大的提高,休闲垂钓逐渐从单纯获取食物的手段演变为一种广受欢迎的休闲娱乐活动。

这种转变不仅反映了人类生活方式的重大变革,也体现了人们对精神生活追求的不断提升。休闲垂钓为人们提供了一个亲近自然、放松身心的机会,让人们在快节奏的现代生活中找到了一片宁静的港湾。在垂钓的过程中,人们可以远离城市的喧嚣和工作的压力,沉浸在大自然的怀抱中,享受着阳光、微风和水面的波光粼粼,感受着与自然和谐共生的美好。

休闲垂钓的发展也带动了一系列相关产业的兴起,如钓具制造、渔业养殖、休闲旅游等,为社会经济的发展做出了积极贡献。钓具制造业不断创新和发展,推出了各种各样的高性能、多样化的钓具产品,满足了不同消费者的需求。渔业养殖为休闲垂钓提供了丰富的鱼类资源,同时也促进了渔业经济的发展。休闲旅游与休闲垂钓的结合,打造了众多以垂钓为主题的旅游胜地,吸引了大量游客前来体验,推动了当地旅游业的繁荣。

1.1 休闲垂钓在国内的发展历史

1.1.1 休闲垂钓的起源与早期发展

垂钓的历史在中国源远流长,可追溯至原始社会。当时,垂钓主要作为一种获取食物的重要生产方式，与人类的生存紧密相连。考古发现，早在距今6 300~6 800年前的西安半坡文化遗址中，出土了大量的骨制鱼钩，这些鱼钩制作精良，是真正用于垂钓鱼类的生产工具，证明当时的钓鱼活动已经具备了一定的规模和技术水平。

在原始社会和奴隶社会（直至周朝），钓鱼主要是平民谋生的手段。为了满足生存需求，人们不断改进钓鱼工具和技术。鱼钩的材质也逐渐从骨头发展为青铜器、金属，这一转变不仅体现了生产力的进步，也反映了人类在钓鱼实践中对工具性能要求的不断提高。金属鱼钩相较于骨制鱼钩，更加坚固耐用，能够更好地应对不同种类和大小的鱼类，大大提高了钓鱼的效率和成功率。垂钓在《诗经》等古籍中多次被提及，如《诗经·小雅》写道"钓于河，鱼丽于罶"，反映了垂钓在农业社会中的重要性。尽管当时的钓鱼活动主要是为了获取食物，但也有少数帝王将相参与其中，如虞舜、姜太公、周穆王等，他们的垂钓行为被记载下来，成了历史长河中的佳话。姜太公"愿者上钩"的故事，不仅展现了他独特的智慧和处世哲学，也为钓鱼活动增添了一抹神秘而传奇的色彩，使得钓鱼在一定程度上超越了单纯的生产活动范畴，开始融入了文化和精神的元素。

1.1.2 封建社会时期休闲垂钓的发展

进入封建社会（秦—清），随着社会生产力的进一步发展和社会阶层的分化，垂钓在士大夫等上流社会逐步演变成一种高雅的休闲运动。在桓宽的《盐铁论·刺权》中有"临渊钓鱼，放犬走兔，隆豺鼎力，蹋鞠斗鸡"的记载；而汉代辞赋家庄忌的《哀时命》则描绘了"下垂钓于溪谷兮，上要求于仙者"。这一转变与当时的社会文化环境密切相关，士大夫阶层在物质生活相对富足的基础上，更加注重精神生活的追求，垂钓因其宁静、优雅的特质，成了他们修身养性、陶冶情操的理想选择。

垂钓真正在全社会范围内普及，源自北宋早期第三、第四任皇帝宋真宗与宋仁宗父子对钓鱼的酷爱。皇帝的喜好具有强大的示范效应，上至士大夫，下至普通学子，纷纷争相效仿，自此，垂钓之风盛行天下，成为了一种全民参与的休闲活动。在这一时期，钓具也得到了显著的改进和创新。以鱼竿为例，宋朝的鱼竿制作技术达到了相当精湛的水平。当时的鱼竿多采用竹子、木材等天然材料，这些材料具有轻便、坚韧的特点，非常适合制作鱼竿。在制作工艺上，工匠们精心选材，经过精细地加工，使鱼竿既轻便又牢固，能够满足不同垂钓场景的需求。为了满足市场需求，宋朝还出现了专门的鱼竿制作工坊，这些工坊汇聚了一批技艺精湛的工匠，他们采用标准化的生产流程，生产出的鱼竿质量优良，深受广大垂钓爱好者的喜爱。这些工坊不仅推动了鱼竿制作技术的发展，也促进了钓具产业的形成和发展，使得钓具的生产和销售逐渐成了一个独立的行业。

元明清时期，钓鱼活动在我国历史上扮演着承上启下的重要角色。在宋朝的基础上，明清两代的钓鱼活动更加广泛普及。不仅众多诗人画家对钓鱼情有独钟，甚至连许多妇女和儿童也纷纷加入这一行列中来。清代画家吴友如所绘的《妇女钓鱼图》和《稚子作钓钩图》，便生动描绘了当时钓鱼活动的丰富多彩与生动场景。

1.1.3 近现代休闲垂钓的发展

随着社会的不断进步和人们生活水平的提高，休闲垂钓逐渐从传统的娱乐活动向现代体育项目转变。1983年，钓鱼运动被正式列为中国的体育项目，这一举措标志着钓鱼运动得到了国家层面的认可和支持，为其在全国范围内的推广和发展奠定了坚实的基础。2004年，全国钓鱼锦标赛的举办构建起本土赛事体系。

2011年，休闲垂钓协会成立。2012年，中国钓鱼运动协会（CAA）成立。国家级行业协会的成立是中国钓鱼运动发展历程中的一个重要里程碑，协会承担起了推动钓鱼运动发展、规范行业管理、促进国内外交流等重要职责；为广大钓鱼爱好者提供了一个交流和合作的平台；同时，也加强了对钓鱼行业的规范和管理，促进了钓鱼产业的健康发展。

近年来，我国休闲垂钓产业呈现爆发式增长态势。据中国钓鱼运动协会的数据显示，截至2024年6月，全国约有1.4亿名活跃钓鱼者（每年至少参与4次钓鱼活动）。同时，国内举办了众多具有影响力的重点钓鱼赛事，这些赛事吸引了来自全国各地的钓鱼爱好者参与，成了展示钓鱼技术和交流经验的重要平台。全国快乐垂钓黑坑争霸赛（CCF）是国内颇具影响力的黑坑钓鱼赛事，以其激烈的竞争和高额的奖金吸引了众多黑坑钓鱼高手参与。中国钓鱼王中王大师争霸赛则会聚了国内顶尖的钓鱼大师，他们在比赛中展现出高超的钓技和丰富的经验，为广大钓鱼爱好者带来了一场场精彩的视觉盛宴。中国钓鱼大师巡回赛是一项覆盖全国的大型钓鱼赛事，赛事设置了多个分站赛和总决赛，为钓鱼爱好者提供了更多的参赛机会和展示平台。全国垂钓俱乐部挑战赛以俱乐部为单位参赛，促进了俱乐部之间的交流与合作，推动了钓鱼运动在基层的普及和发展。这些赛事不仅丰富了人们的业余生活，还推动了钓鱼运动的普及和发展，促进了钓鱼文化的传播和传承。

1.2　休闲垂钓在国外的发展历史

1.2.1　欧洲休闲垂钓的发展

欧洲的休闲垂钓历史同样悠久，最早的文字记载可追溯至公元前1000年，当时罗马人记录了马其顿人用苍蝇钓鱼的场景，详细描述了他们使用麻线做渔线、苍蝇做饵、公鸡羽毛做漂以及用动物角打磨鱼钩的过程。在埃及金字塔内，有多幅壁画记录了古埃及人从第七代王朝起利用船来捕鱼的情景。古希腊的亚里士多德在自然历史著作中记录了110多种鱼，古罗马则堪称欧洲海钓的奠基人，有文献记载罗马的开国皇帝奥古斯都以及尼禄都是狂热的海钓发烧友。埃及艳后甚至曾用一条咸鱼成功吸引了马克安东尼，并留下了"将军，把渔线留给我们这些掌管灯塔的人吧，您要捕捉的大鱼，是那些帝王、城市和大陆"的趣谈。

然而，到了中世纪，由于欧洲宗教的影响，钓鱼活动的发展受到了一定的限制，相关记录也相对较少。与此同时，中国的钓鱼技术却在不断发展，衍生出了许多新的钓法，如唐朝时开始流行的盘钓，与现代的路亚钓法颇为相似，而且随着生产能力的提高，鱼线、鱼漂等钓具的材质也得到了进一步的改进。

1496年，威斯敏特市长颁布了世界上第一部钓鱼条约 *Treaty of Fishing*。尽管该条约起草的具体原因已无从考证，但它详细介绍了英格兰岛附近的海鱼种类、分布情况以及相应的鱼饵选择，与其说是一部钓鱼法典，更像是一部精确的英格兰海钓指南，主要服务于欧洲的贵族阶层，正式将钓鱼设定为一种贵族的休闲运动。

1693年，《钓鱼人大全》(*Complete Angler*) 出版，虽然当年仅出版了300份，但在那个时期，《圣经》也不过出版了500份，由此可见这本书在欧洲上层人士中的受欢迎程度。随后，法国人克里斯泽·艾内于1818年正式将现代钓鱼活动体系化。此后，欧洲人不断对现代钓鱼体系进行补充和完善。直到"二战"之后，随着石油制品尼龙的出现，钓鱼装备发生了翻天覆地的变化。尼龙材质的渔线具有强度高、柔韧性好、不易断裂等优点，极大地提升了钓鱼的体验和效率。钓鱼似乎也释放了现代人内心深处的力量，钓大鱼、博大物成为众多欧美钓鱼人的终极梦想，海明威的《老人与海》更是将这种心态展现得淋漓尽致，书中描绘的人与自然的较量、对大鱼的执着追求，反映了当时欧美钓鱼人普遍的心态。

1.2.2 美国休闲垂钓的发展

美国的休闲垂钓业历史久远，早在19世纪初，大西洋沿岸地区就出现了以垂钓俱乐部为主的、有别于商业渔业行为的垂钓组织，这些组织以会员和家庭的形式在湖泊、河流或近海海域中开展放松身心、休闲度假的娱乐垂钓活动。

20世纪初，美国休闲渔业的形式较为单一，主要是由当地的垂钓爱好者或垂钓俱乐部组织的娱乐活动。随着50年代经济的飞速发展，居民生活水平大幅提高，劳动周时缩短，休闲时间延长，外出旅游或到郊外度假成为热潮，用于休闲娱乐目的的私家船艇大量涌现，为美国休闲渔业的高速发展奠定了坚实的基础。

如今，休闲垂钓已成为美国人喜爱的一种户外娱乐活动，参与人数众多。据统计，2013年美国参与垂钓的人数达到3 407万，接近高尔夫球和网球参与人数之和，这意味着美国16%的成年人愿意把钱花在钓鱼上面。美国的休闲垂钓业已形成了管理、资源保护、法制、科研支撑、休闲设施等相互配套的完备体系，建立了高效的信息管理系统，可以准确、有效、及时、全面地提供关于美国渔业的各种数据信息，为休闲垂钓业的健康发展和高效管理提供了有力的技术支撑和保障。

1.3 休闲垂钓在国内的发展现状

1.3.1 市场规模

近年来，我国休闲垂钓市场规模呈现出持续扩大的显著趋势。相关数据统计显示，2019年我国休闲垂钓市场规模达到了1 200亿元，而预计到2025年，这一数字将攀升至2 200亿元，复合年增长率高达10.5%。这一增长态势反映了休闲垂钓在我国日益受到欢迎，市场潜力巨大。

在区域分布上，我国休闲垂钓市场存在着明显的不均衡性。一线城市和部分发达的二线城市，凭借较高的居民收入水平和消费水平，休闲垂钓市场规模相对较大。以北京、上海、广州、深圳等一线城市为例，这些城市拥有庞大的消费群体和丰富的消费资源，休闲垂钓相关的场所、产品和服务种类繁多，能够满足不同消费者的需求。众多高端的垂钓俱乐部在这些城市纷纷涌现，为消费者提供了优质的垂钓体验。这些俱乐部配备了专业的教练团队，能够为不同水平的垂钓爱好者提供个性化的指导，无论是初学者还是资深钓手，都能在这里找到适合自己的学习和交流平台。俱乐部还经常举办各类钓鱼比赛和活动，吸引了众多钓鱼爱好者参与，进一步推动了当地休闲垂钓市场的发展。而在三、四线城市和农村地区，由于居民收入水平和消费水平相对较低，休闲垂钓市场规模较小。但随着经济的发展和人们生活水平的提高，这些地区的休闲垂钓市场也在逐渐兴起，展现出了巨大的发展潜力。一些三、四线城市开始加大对休闲垂钓基础设施的建设投入，建设了一批环境优美、设施完善的垂钓场所，吸引了越来越多的居民参与到休闲垂钓活动中来。农村地区凭借其独特的自然环境和丰富的渔业资源，也成了休闲垂钓的热门选择，一些农家乐结合休闲垂钓项目，为游客提供了独特的乡村休闲体验，进一步拓展了休闲垂钓市场的发展空间。

1.3.2　消费群体

随着休闲垂钓市场的不断发展，其消费群体逐渐呈现出多元化的显著趋势。除了传统的老年人消费群体外，越来越多的年轻人和儿童也积极参与到休闲垂钓活动中来。年轻人参与休闲垂钓，不仅是为了追求放松和娱乐，更是将其视为一种社交和体验生活的方式。他们通过参与垂钓活动，与朋友、家人增进感情，同时也在与自然的接触中，放松身心、缓解工作和生活的压力。一些年轻人会组织垂钓主题的团建活动，在享受垂钓乐趣的同时，增强团队凝聚力和协作能力。儿童参与休闲垂钓，则有助于培养他们的耐心、观察力和对自然的热爱之情。许多家长选择在周末或节假日带孩子参加休闲垂钓活动，让孩子在亲近自然的过程中，学习钓鱼知识和技巧，培养他们的兴趣爱好。

休闲垂钓也逐渐成为旅游、养生、休闲等多元化消费的融合点。在旅游方面，以休闲垂钓为主题的旅游线路和景区越来越受到游客的欢迎。一些沿海地区和内陆湖泊周边的旅游景点，充分利用当地的渔业资源，开发了丰富多样的垂钓旅游项目，吸引了大量游客前来体验。游客不仅可以在美丽的自然风光中享受垂钓的乐趣，还能品尝到新鲜的水产品，体验当地的民俗文化，实现了休闲、娱乐和文化体验的有机结合。在养生方面，休闲垂钓的宁静氛围和与自然的亲近，有助于人们放松身心、缓解压力，对身心健康具有积极的促进作用。一些养生机构将休闲垂钓纳入养生项目，为人们提供了一种全新的养生方式。通过在优美的自然环境中垂钓，人们可以调节情绪，增强体质，达到养生保健的目的。

1.3.3 垂钓方式与赛事

我国的休闲垂钓方式丰富多样，基本钓法包括手竿钓、海竿钓、路亚钓、筏钓、传统钓等。这些钓法各具特色，适用于不同的水域和鱼种，满足了垂钓爱好者的多样化需求。手竿钓操作简单，灵活性高，适合在淡水水域中垂钓小型鱼类，是许多初学者的首选。海竿钓则具有较远的抛投距离和较强的控鱼能力，常用于在较大的水域中垂钓大型鱼类。路亚钓以其环保、高效的特点，吸引了众多追求时尚和挑战的垂钓爱好者，通过模拟小鱼、小虾等生物的动作，吸引肉食性鱼类上钩。筏钓则是在竹筏、木筏等漂浮工具上进行垂钓，适合在深水区或水库等水域中进行。传统钓是我国历史悠久的钓法，具有深厚的文化底蕴，注重对鱼情的观察和钓鱼技巧的运用。

按地点划分，休闲垂钓可分为淡水池钓、自然水域垂钓、海钓等。淡水池钓通常在人工养殖的鱼塘或公园的水池中进行，环境相对稳定，鱼类资源丰富，适合初学者和家庭亲子活动。自然水域垂钓则包括在河流、湖泊、水库等自然水体中进行垂钓，这里的鱼类种类繁多，垂钓环境更加贴近自然，能够让垂钓者充分体验到大自然的魅力。海钓是在海洋中进行的垂钓活动，具有挑战性和刺激性，需要垂钓者具备一定的专业知识和技能。海钓的鱼种丰富多样，如鲈鱼、鳕鱼、金枪鱼等，吸引了众多钓鱼高手前来挑战。

国内的钓鱼赛事丰富多彩，水平不断提高，吸引了众多钓鱼爱好者参与。中华垂钓大赛作为国内最高级别的钓鱼赛事，具有广泛的影响力和权威性。该赛事汇聚了来自全国各地的顶尖钓鱼高手，他们在比赛中展示出高超的钓技和丰富的经验，为广大钓鱼爱好者提供了学习和交流的平台。2024年中华垂钓大赛"圣岛杯"南通选拔赛吸引了来自浙江、湖南、广东、上海等全国各地的近400名钓鱼高手参赛，比赛项目为5.4 m以内手竿钓混合鱼重量赛，经过激烈角逐，最终决出了优胜者。

1.4 休闲垂钓在国外的发展现状

1.4.1 美国

在美国，垂钓是一项备受欢迎的户外休闲运动，拥有庞大的参与人群。2023年，美国垂钓人数超5 700万，参与率达到19%，打破了2020年疫情防控期间创下的纪录。从参与频率来看，近七成参与者2023年钓鱼1～11次，每月钓鱼一次及以上的参与者比例从2007年的41%降至2023年的31%。

休闲垂钓在美国不仅是一种娱乐活动，还具有重要的经济意义，对相关产业的带动作用显著。2023年，游艇和钓鱼占据美国户外经济的最大份额，这两个领域的产值接近370亿美元。休闲垂钓带动了钓具销售、船只租赁、餐饮住宿等相关产业的发展，为经济增长做出了重要贡献。许多钓具商店提供各种品牌和类型的钓具，满足不同消费者的需求。船只租赁业务也随着休闲垂钓的发展而日益兴旺，为没有私人船只的垂钓爱好者提供了便利。

在环境保护方面，美国通过一系列法律法规来规范休闲垂钓活动，以保护渔业资源和生态环境。1996年，美国海洋渔业局颁发《麦格钠森渔业养护和管理法》，随后各个州政府也制定了许多渔业法律法规，如游钓许可证制度、休闲渔业配额等。这些法规对海洋休闲渔业的入渔人数、渔获品种、捕鱼数量和入渔时间等加以限制，有效实现了海洋休闲渔船的规范管理和渔业资源保护。美国还注重开展相关的教育活动，提高公众的环保意识，促进可持续发展。通过举办环保讲座、发放宣传资料等方式，向垂钓爱好者普及环保知识，倡导文明垂钓，减少对环境的破坏。

休闲垂钓在美国青少年教育和社会融合方面也发挥着重要作用。许多学校和社区组织将垂钓活动纳入教育项目，通过让青少年参与垂钓，培养他们的耐心、专注力和团队合作精神，同时也让他们亲近自然，增强对环境保护的认识。垂钓活动也为不同年龄、不同背景的人提供了交流和互动的平台，促进了社会融合。在一些垂钓场所，经常可以看到一家人或一群朋友一起享受垂钓的乐趣，增进彼此之间的感情。一些社区还组织垂钓比赛，吸引了众多居民参与，营造了良好的社区氛围。

然而，美国休闲垂钓也面临着一些挑战，如过度捕捞、水域污染、栖息地破坏等。这些问题对渔业资源和生态环境造成了一定的威胁，需要政府、社会组织和公众共同努力，采取有效的措施加以解决。加强对渔业资源的监测和管理，严格执行相关法律法规，加大对违法行为的处罚力度。强化水域污染的治理力度及工业和生活污水排放的监管，改善水域生态环境。加强对栖息地的保护和修复，建立自然保护区，为鱼类提供适宜的生存环境。

1.4.2 加拿大

加拿大拥有丰富的自然资源和广阔的水域，为垂钓行业的发展提供了得天独厚的条件。近年来，随着人们对休闲活动的需求增加以及健康生活方式的普及，加拿大垂钓行业迎来了新的发展机遇。加拿大统计局的数据显示加拿大拥有超过200万个注册的垂钓者，这一数字在过去几年中持续增长。垂钓已经成为加拿大人最喜欢的户外活动之一，尤其是在夏季和秋季。加拿大政府大力支持垂钓行业的发展，通过提供资金支持、制定相关政策和法规等方式，为垂钓行业的健康发展提供了有力保障。

在加拿大垂钓行业中，最受欢迎的垂钓方式包括淡水垂钓、咸水垂钓和冰上垂钓等。其中，淡水垂钓占据了较大的市场份额，主要是因为加拿大拥有丰富的淡水资源，如五大湖、圣劳伦斯河等。加拿大的咸水垂钓也非常受欢迎，尤其是在大西洋沿岸和太平洋沿岸地区。冰上垂钓则主要在冬季进行，吸引了大量喜欢挑战极限的垂钓爱好者。

随着垂钓行业的发展，相关的产业链也逐渐完善。加拿大的垂钓用品市场非常庞大，包括钓竿、钓线、鱼饵、钓鱼服装等各类产品。加拿大还有众多的垂钓服务企业，如旅行社、垂钓度假村、垂钓培训课程等，为垂钓爱好者提供了全方位的服务。这些企业和产品的不断发展，进一步推动了加拿大垂钓行业的整体发展。

从消费投资前景来看，随着人们生活水平的提高和休闲观念的转变，垂钓作为一种健康、环保的休闲方式，越来越受到人们的喜爱。加拿大垂钓行业的消费需求将会持续增长。随着科技的发展，垂钓装备和技术也在不断创新，这将为消费者带来更多的选择和更好的体验，从而进一步刺激消费需求。在投资方面，加拿大垂钓行业具有较大的潜力。随着垂钓爱好者数量的增加，相关产业链的企业有望获得更多的市场份额。加拿大政府对垂钓行业的支持力度不断加大，为企业提供了良好的政策环境。随着国际交流的增加，加拿大垂钓行业有望吸引更多的国际投资者关注。然而，投资者在进入这个行业时，也需要关注一些潜在的风险，如市场竞争加剧、政策法规变动等。

1.4.3 其他国家

挪威拥有比赤道还长的海岸线，为海洋休闲渔业的发展提供了极好的自然条件。目前挪威的海洋休闲渔船标准体系较为完整，主流船型为19英尺船只，搭载50马力发动机，配备钓鱼地图、GPS和回声测深器等设备。挪威全年均可捕鱼，还会定期举办各种大型垂钓比赛。挪威并不强制要求钓鱼许可证，但要遵守相关规定，如最小渔获体长规定、最大鱼肉重量限定和手提式渔具规定等。此外，还要遵守挪威渔猎协会整理的系列行为准则，包括注意人身安全、掌握急救常识、文明适度捕鱼等。

澳大利亚海洋休闲渔业发展于20世纪90年代，其四面环海的地理位置和长达3.67万km的海岸线为海洋休闲渔业的发展提供了得天独厚的条件。澳大利亚政府制定了相关制度法规加强对海洋休闲渔业的管理。例如数量限制，包括采集、垂钓及体验捕捞的渔获物等均有数量的限制；规格限制，包括海洋休闲渔业和商业捕捞的鱼类均有最小规格的限制；捕捞渔具限制，包括潜水者禁止使用氧气设备、禁止使用易燃易爆物品等。在澳大利亚，所有的海洋生态公园和海洋生态保护区都会受到特殊管理，不允许商业捕捞和休闲垂钓采集等。

日本的海上休闲渔业发展迅速，形成了以垂钓、海钓、海水浴场为重点

注：1英尺=0.3048 m，全书同；1马力≈735 W，全书同。

的休闲型；以帆船、摩托艇、冲浪、潜水以及海洋生态旅游为重点的海洋运动型；以加工制作水产品，亲自参与鱼煮体验、参观渔场为重点的体验式学习型；以参观渔业博物馆、水族馆、渔民场所为重点的文化教育型；以渔村祭祀、鱼苗投放、沙滩清洁为重点的参与式活动型等五大形式。21世纪初，日本休闲垂钓人数已经达到3 729万人，占日本总人口的三成以上。其间，日本政府还推行了"面向海洋，多面利用"的政策，以整治沿海渔场，整合渔业资源。

1.5 国内外休闲垂钓发展对比与启示

国内外休闲垂钓在多个方面存在显著差异，这些差异反映了不同的文化背景、经济发展水平和管理理念。

在垂钓文化方面，国外的垂钓文化往往注重与自然的和谐共生以及对规则的严格遵守。以美国为例，许多家庭将垂钓作为一种亲近自然、增进亲子关系的户外活动，在垂钓过程中，他们非常注重环境保护，严格遵守相关的法律法规，如对渔获物的尺寸和数量限制等。欧洲一些国家也非常重视垂钓文化的传承和发展，他们通过举办各种钓鱼比赛和活动，推广钓鱼文化，提高人们对钓鱼的认识和兴趣。而国内的垂钓文化则更加强调修身养性和社交功能。人们在垂钓过程中，不仅可以放松身心，还可以与朋友、家人交流感情，增进彼此之间的了解和信任。一些钓友会组织钓鱼俱乐部或团体，定期开展钓鱼活动，分享钓鱼经验和技巧，形成了独特的社交圈子。国内的垂钓文化还与传统文化紧密结合，许多古诗词中都有对钓鱼的描写，如"孤舟蓑笠翁，独钓寒江雪""闲来垂钓碧溪上，忽复乘舟梦日边"等，这些诗句不仅描绘了钓鱼的场景，也表达了诗人的心境和情感，为垂钓文化增添了深厚的文化底蕴。

从市场规模来看，美国、加拿大等国家的休闲垂钓市场规模较大，产业链较为完善。美国拥有庞大的垂钓人口和丰富的渔业资源，休闲垂钓产业已经成为国家经济的重要组成部分，涵盖了钓具制造、渔业养殖、休闲旅游、教育培训等多个领域。教育培训领域也为垂钓爱好者提供了专业的培训和指导，提高了他们的钓鱼技能和知识水平。相比之下，我国的休闲垂钓市场虽然近年来发展迅速，但在市场规模和产业链完善程度上仍有较大的提升空间。我国的钓具制造行业虽然发展较快,但在高端产品和品牌建设方面还存在不足,需要进一步加强技术创新和品牌培育。渔业养殖在休闲垂钓的配套服务方面还需要进一步优化,不断提高鱼类资源的质量和供应稳定性。休闲旅游与休闲垂钓的融合还不够深入,需要进一步挖掘和开发垂钓旅游资源,提升旅游服务质量和体验。

在管理模式上,国外许多国家建立了完善的法律法规和管理制度,对休闲垂钓活动进行规范和管理。美国通过制定严格的渔业法规,对休闲垂钓的许可证办理、渔获物限制、环境保护等方面进行了详细规定,并加强了执法力度,确保法规的有效执行。加拿大对垂钓的品种、钓具使用、钓获物数量和尺寸等都有严格的规定,垂钓者必须遵守相关法规,否则将面临严重的处罚。这些国家还注重对渔业资源的保护和管理,通过科学的监测和评估,合理规划和利用渔业资源,确保休闲垂钓活动的可持续发展。而我国在休闲垂钓管理方面,虽然也颁布了一些相关政策和规定,但在执行力度和管理的精细化程度上还有待提高。一些地方存在执法不严、监管不到位的情况,导致一些违规行为时有发生。在管理的精细化程度上,我国还需要进一步完善相关的标准和规范,加强对钓具市场的监管,提高垂钓场所的服务质量和安全性。

国外在垂钓文明和管理体系建设等方面的经验对我国具有重要的启示。我们应加强垂钓文明的宣传和教育,提高垂钓者的环保意识和规则意识,倡导文明垂钓的理念。通过开展宣传活动、举办培训课程等方式,向垂钓者普及环保知识和法律法规,引导他们自觉遵守相关规定,爱护环境,保护渔业资源。可以组织志愿者活动,在垂钓场所进行文明劝导,及时纠正不文明行为,营造良好的垂钓氛围。建立健全休闲垂钓行业协会,发挥行业自律的作用,加强行业内部的规范和管理。政府部门应加强对休闲垂钓行业的监管,加大对违规行为的处罚力度,维护市场秩序。行业协会可以制定行业标准和规范,开展行业培训和交流活动,促进企业之间的合作与发展,推动休闲垂钓行业的健康发展。

1.6 展望

休闲垂钓在国内外都拥有悠久的发展历史,从最初作为获取食物的生产活动，逐渐演变为深受人们喜爱的休闲娱乐活动。在国内，休闲垂钓起源于原始社会，历经数千年的发展，在不同历史时期呈现出不同的特点和发展态势。从封建社会时期在上流社会的兴起，到现代被列为体育项目并成立相关协会，国内休闲垂钓在市场规模、消费群体、垂钓方式与赛事等方面都取得了显著的发展。

在国外，欧洲和美国的休闲垂钓历史同样源远流长。欧洲从早期的文字记载到中世纪的发展受限，再到现代钓鱼体系的不断完善，以及美国从19世纪初垂钓组织的出现到如今形成完备的休闲垂钓体系，都展现了休闲垂钓在国外的发展历程。目前，美国、加拿大等国家的休闲垂钓市场规模较大，产业链较为完善，并且建立了完善的法律法规和管理制度来规范休闲垂钓活动。其他国家如挪威、澳大利亚、日本等也都根据自身的地理环境和资源优势，发展出了各具特色的休闲垂钓产业。

通过对比国内外休闲垂钓的发展，我们可以看到，国外在垂钓文明和管理体系建设等方面的经验值得我国借鉴。我们还需建立完善休闲垂钓的管理体系，加强政府部门之间的协调与合作，制定更加科学合理的政策和法规，提高管理的效率和水平，这对推动国内休闲垂钓的发展至关重要。

展望未来，随着人们生活水平的不断提高和对休闲生活的追求，休闲垂钓市场有望继续扩大。同时，科技的不断进步将为休闲垂钓带来更多的创新和发展机遇，如智能化钓具的研发、线上垂钓服务的拓展等。在发展的过程中，我们必须高度重视可持续发展和文化建设。可持续发展要求我们合理利用渔业资源，加强环境保护，确保休闲垂钓活动的长期稳定发展。文化建设则有助于传承和弘扬垂钓文化，提升休闲垂钓的内涵和价值，使其成为一种具有深厚文化底蕴的休闲活动。只有这样，休闲垂钓才能在满足人们休闲娱乐需求的同时，实现经济、社会和环境的协调发展。

第2章 影响休闲垂钓水产品质量安全的主要因素

在快节奏的现代生活中，人们愈发渴望从繁忙中解脱，投身大自然的怀抱，寻求内心的宁静与放松。休闲垂钓作为一项既能亲近自然，又充满趣味与挑战的活动，正受到越来越多人的喜爱。不管是风景秀丽的乡村鱼塘，还是设施完善的城市垂钓园，常常能看到垂钓爱好者们的身影，他们手持钓竿，静静等待鱼儿上钩，享受着这份独特的惬意。据统计，我国的钓鱼人群已达到1.4亿，并且这一数字还在逐年递增，休闲垂钓产业呈现出蓬勃发展的态势。

然而，在休闲垂钓活动日益火爆的背后，水产品质量安全问题却逐渐浮出水面，成为不容忽视的隐患。休闲垂钓者在享受垂钓乐趣的同时，往往会将钓获的水产品直接食用或带回馈赠亲友。一旦这些水产品存在质量安全隐患，不仅会危害消费者的身体健康，还可能引发一系列食品安全事件，给社会带来负面影响。因此，确保休闲垂钓水产品的质量安全，对于保障公众健康、维护休闲垂钓产业的良好形象至关重要。

因为垂钓园多是从外部直接购买达到上市规格的水产品，经过短时间暂养便开展垂钓活动；且经营期间，外来垂钓人员可以使用外部带来的钓饵、窝饵等投入品，所以其水产品质量安全受外来因素影响较大，不能盲目照搬普通养殖场的管理模式。以下是影响垂钓园水产品质量安全的主要因素。

2.1 垂钓池环境

垂钓池环境是休闲垂钓水产品生长的基础，其质量的优劣直接关系到水产品的质量安全。然而，随着工业化、城市化进程的加速，水域环境面临着严峻的挑战，成为影响休闲垂钓水产品质量安全的重要因素。

2.1.1 水环境污染

水环境污染是水域环境面临的主要问题之一，其来源广泛，包括工业废水、生活污水、农业面源污染等。这些污染物中含有大量的重金属、残留的农兽药等有害物质，一旦进入水体，将对水产品的生长和健康造成严重威胁。

重金属污染是水环境污染中最为突出的问题之一。铅、汞、镉、铬等重金属具有毒性强、生物半衰期长、易在生物体内富集等特点。当水产品长期生活在被重金属污染的水体中时，重金属会通过鳃呼吸、皮肤渗透和食物链传递等途径进入鱼体，并在体内蓄积。相关研究表明，在某些工业废水排放较多的河流中，鱼类体内的汞含量超标数倍甚至数十倍。重金属在鱼体内的富集不仅会影响鱼类的生长发育，导致生长缓慢、畸形等问题，还会对人体健康造成潜在危害。人类食用了被重金属污染的水产品后，重金属会在人体内蓄积，损害神经系统、免疫系统、生殖系统等，引发多种疾病，如汞中毒会导致神经系统损伤，出现震颤、共济失调等症状；镉中毒会损害肾脏，导致肾功能衰竭。

农兽药残留也是水环境污染的重要组成部分。在农业生产过程中，大量使用的农药通过地表径流、农田排水等方式进入水体。有机磷、有机氯等农药具有较强的毒性，会对水产品的神经系统、内分泌系统等造成损害。例如，有机磷农药会抑制鱼类体内的胆碱酯酶活性，导致鱼类出现呼吸困难、抽搐等症状，严重时可导致死亡。此外，农药残留还会影响水产品的口感和品质，降低其市场价值。

2.1.2 水体富营养化

水体富营养化是指水体中氮、磷等营养物质含量过高，导致藻类及其他浮游生物异常繁殖的现象。近年来，随着人类活动的加剧，水体富营养化问题日益严重，已成为全球性的环境问题之一。在休闲垂钓水域中，水体富营养化不仅会影响水域的生态环境，还会对水产品的质量安全产生负面影响。

水体富营养化的主要原因是人类活动排放的大量含氮、磷的污水，如生活污水、工业废水、农业面源污染等。这些污水中含有丰富的氮、磷等营养物质，为藻类的生长提供了充足的养分。当水体中的氮、磷含量超过一定限度时，藻类就会迅速繁殖，形成水华或赤潮。藻类过度繁殖会消耗大量的溶解氧，导致水体缺氧，使鱼类等水生生物无法生存。据统计，在一些富营养化严重的湖泊中，夏季经常会出现鱼类大量死亡的现象，给渔业生产带来了巨大损失。

此外，藻类在生长过程中还会产生一些生物毒素，如微囊藻毒素、麻痹性贝毒等。这些毒素会在水产品体内富集，当人类食用了被毒素污染的水产品后，可能会引发中毒症状，如呕吐、腹泻、麻痹等，严重时甚至会危及生命。例如，1996年巴西发生的一起因饮用水被微囊藻毒素污染而导致的中毒事件，造成了数百人中毒，数十人死亡。除了对人体健康的危害外，水体富营养化还会影响水产品的口感和品质。富营养化水体中的水产品往往带有异味，肉质变差，降低了其食用价值和市场竞争力。

2.2 水生动物的来源

鉴于垂钓园多是从外部直接采购达到商品鱼规格的水产品进行垂钓，因此对采购的水生动物进行质量安全控制是确保整个垂钓园水产品质量安全的重要部分。选择健康、无疫病的水生动物，对提高水产品的品质和产量，以及保障消费者的健康都具有重要意义。

在挑选水生动物时，需要掌握一些科学的方法和注意事项。要了解水生动物的来源，尽量从正规的、信誉良好的生产企业购买。这些企业通常具备完善的生产设施和严格的质量控制体系，能够保证水生动物的质量和健康状况，还要仔细观察水生动物的外观特征。健康的水生动物体表应光滑、无损伤、无寄生虫，体色鲜艳且均匀，规格大小整齐。例如，在挑选时，可以观察水生动物的游动状态，健康的水生动物游动活泼、反应灵敏，而不健康的则可能会出现游动缓慢、离群独游等现象。

2.3 放养密度

放养密度是影响休闲垂钓水产品质量安全的重要因素之一。为了追求更高的垂钓上钩率和经济效益，一些垂钓园经营者往往过度增加放养密度，导致养殖水体中鱼类的生存空间狭小，活动受限。据研究表明，当养殖密度过高时，鱼类的生长速度会明显减缓，饲料转化率降低，同时鱼体的免疫力也会下降，更容易感染各种疾病。

高密度养殖还会导致养殖水体的水质恶化。鱼类的排泄物、残饵等在水中大量积累，使得水体中的氨氮、亚硝酸盐等有害物质含量升高，溶解氧含量降低，为病菌和寄生虫的滋生提供了温床。例如，在一些高密度养殖的池塘中，夏季经常会出现水体发臭、鱼类浮头的现象，这就是水质恶化的典型表现。为了控制病害的发生，养殖户往往会大量使用药物，包括抗生素、消毒剂等。然而，不合理的用药不仅会导致药物残留超标，还会使病菌产生耐药性，增加病害防治的难度。长期食用含有药物残留的水产品，会对人体健康造成潜在危害，如引起过敏反应、耐药性增加、肠道菌群失调等。

2.4 养殖投入品

饲料、添加剂、渔药等养殖投入品是影响休闲垂钓水产品质量安全的重要因素。

2.4.1 饲料与添加剂

在休闲垂钓中，饲料的选择和添加剂的使用直接关系到水产品的质量和安全。饲料是水产品生长的物质基础，就像人类的食物一样，优质的饲料能够为水产品提供充足的营养，促进它们健康成长。而添加剂则可以在一定程度上改善饲料的性能，提高水产品的生长速度和抗病能力。但如果使用不当，也会对水产品和环境造成危害。

饲料的选择至关重要。应根据不同种类的水产品及其生长阶段，选择营养均衡、品质优良的饲料。比如，对于幼鱼阶段，需要选择蛋白质含量较高、颗粒较小、易于消化的饲料，以满足它们快速生长的需求；而成鱼阶段的饲料则可以适当调整蛋白质和脂肪的比例，注重营养的全面性。

同时，要注意饲料的新鲜度和保存条件，避免饲料发霉变质。发霉的饲料中可能含有黄曲霉毒素等有害物质，水产品食用后不仅会影响生长，还可能对人体健康造成威胁。有研究表明，黄曲霉毒素是一种强致癌物质，长期摄入含有黄曲霉毒素的水产品，会增加人体患癌症的风险。

在添加剂的使用方面，必须严格遵守相关规定，杜绝使用劣质饲料和违禁添加剂。一些不法商家为了追求经济效益，在饲料中添加违禁添加剂，如瘦肉精、苏丹红等，这些添加剂会在水产品体内残留，对人体健康产生严重危害。瘦肉精会导致人体心跳加速、肌肉震颤、代谢紊乱等症状；苏丹红则具有致癌性。此外，一些劣质的添加剂可能含有重金属、抗生素等超标物质，也会对水产品和环境造成污染。

2.4.2 渔药

在休闲垂钓的水产品养殖过程中，难免会遇到鱼类生病的情况，此时药物的使用就成了保障鱼类健康的重要手段。但药物的使用必须严格把控，否则不仅无法有效治疗疾病，还可能对水产品的质量安全和生态环境造成严重影响。

要严格遵守渔药使用的休药期规定。休药期是指从最后一次给药到水产品作为食品上市出售的最短时间间隔。不同的渔药具有不同的休药期，这是根据药物在鱼体内的代谢速度和残留情况来确定的。在休药期内，药物会逐渐在鱼体内代谢和排出，当休药期结束时，鱼体内的药物残留量应低于安全标准，这样才能确保消费者食用的安全性。例如，恩诺沙星粉（水产用）的休药期为500度日，这意味着在使用恩诺沙星治疗鱼类疾病后，在日平均水温20 ℃时，至少要等待25 d才能将鱼捕捞上市。如果在休药期内就捕捞销售，鱼体内可能还残留有较高浓度的药物，消费者食用后可能会引起过敏反应、耐药性等问题，严重的甚至会危害身体健康。

药物的剂量使用也十分关键。必须按照规定的剂量使用渔药，既不能随意加大剂量，也不能减少剂量。加大剂量可能会导致药物在鱼体内残留超标，增加对人体的危害；而减少剂量则可能无法达到治疗疾病的效果，导致病情延误，甚至使病原体产生耐药性。在使用渔药时，要根据鱼的体重、病情的严重程度以及水体的体积等因素，准确计算药物的使用剂量。可以参考渔药的使用说明书，或者在专业技术人员的指导下进行用药。例如，在治疗鱼类细菌性肠炎时，需要根据鱼的体重，按照每千克体重使用一定剂量的恩诺沙星进行拌饵投喂，连续使用3~5 d，这样才能确保药物的治疗效果，同时保证水产品的质量安全。

坚决禁止使用禁药。一些药物由于毒性大、残留期长、对人体健康危害严重等原因，被列为禁药，如孔雀石绿、硝基呋喃类药物等。孔雀石绿曾经被广泛用于水产养殖中防治水霉病、鳃霉病等，但后来研究发现它具有高毒性、高残留和致癌、致畸、致突变等危害，已被严禁使用。硝基呋喃类药物也是因为其代谢产物会在动物体内长期残留，对人体健康造成潜在威胁，而被列入禁药名单。一旦发现有养殖户使用禁药，必须依法进行严厉处罚，以起到警示作用。

除了合理使用药物，还应倡导绿色防控疾病的方法，以减少药物的使用量。可以通过改善养殖环境，如定期换水、增氧、调节水质等，增强鱼类的免疫力，减少疾病的发生。也可以采用生物防治的方法，利用有益微生物来抑制有害病原体的生长繁殖。例如，在养殖池塘中投放光合细菌、芽孢杆菌等有益微生物，它们可以分解水体中的有机物，降低氨氮、亚硝酸盐等有害物质的含量，改善水质，同时还能抑制病原菌的生长，预防疾病的发生。还可以通过培育抗病品种的鱼类，提高鱼类自身的抗病能力，从根本上减少疾病的发生和药物的使用。

2.5 垂钓用品

垂钓用品是指休闲垂钓过程中使用的钓饵、窝饵、钓钩、钓线、浮漂、抄网等物品。由于其多为垂钓爱好者从外部带来，并在垂钓过程中使用，给垂钓池内的水产品质量安全带来了不可控的隐患。

2.5.1 钓饵与窝饵

安全的钓饵和窝饵应符合无毒无害、无污染的标准，这是保障水产品质量安全的基础。钓饵直接与鱼类接触，若含有有害物质，鱼类食用后，这些物质会在其体内残留和积累，最终通过食物链传递给人类，对人体健康造成威胁。一些违规钓饵，如添加了地西泮等镇静类药物的钓饵，就存在严重的安全隐患。2023年5月某市养殖户养殖的鳊鱼被检测出含有地西泮，经调查，这些地西泮正是来自垂钓饵料。同时有学者抽查了35份垂钓饵及打窝饵料样品进行分析发现，14份样品筛查出违禁成分地西泮，检出率高达40%，且部分样品含量较高，极可能是人为添加所致。使用含有地西泮的钓饵或打窝饵料可能是水产品及其垂钓环境受污染的主要原因之一，对消费者健康具有潜在影响。

地西泮，俗称安定，是一种中枢神经系统镇静剂，属于第二类精神药品管控药品。地西泮可以降低新鲜活鱼对外界的感知能力，降低新陈代谢并暂时失去疼痛感，在水产养殖中通常被用于捕捞或运输过程中，可有效降低应激反应和死亡率，从而减少损失；同时，地西泮具有诱食作用，有可能被作为诱食剂添加在垂钓饵料中增加垂钓渔获量。地西泮在鱼体内的残留可通过食物链传递给人类。人类食用地西泮超过一定剂量，会引起嗜睡、轻微头疼、乏力、动作失调等，严重者还可能出现呼吸抑制、精神紊乱、视力模糊、昏迷等症状，并且具有一定的依赖性。

目前，我国未批准地西泮作为水产养殖用兽药，依据《兽药管理条例》有关规定，水产养殖过程中使用该药物属于违规用药。《食品安全国家标准 食品中兽药最大残留限量》（GB 31650—2019）中规定，地西泮不得在动物性食品中检出。《水产养殖用药明白纸2022年1号》中规定，地西泮等畜禽用兽药在我国均未经审查批准用于水产动物，在水产养殖过程中不得使用。

除了药物添加，钓饵中的重金属污染、农药残留等问题也不容忽视。一些钓饵在生产过程中，可能使用了受到污染的原材料，或者在加工、储存过程中受到了外界污染，导致钓饵中含有铅、汞、镉等重金属，以及有机磷、有机氯等农药残留。这些有害物质会对鱼类的生长、繁殖和免疫功能产生不良影响，同时也会危害消费者的健康。例如，铅会影响鱼类的神经系统和生殖系统，导致鱼类生长缓慢、繁殖能力下降；有机磷农药会抑制鱼类的胆碱酯酶活性，影响鱼类的神经传导，导致鱼类出现中毒症状。

还有一些钓饵可能会对水域生态环境造成破坏。一些不易分解的塑料假饵，如果被丢弃在水域中，会长期存在，影响水体的美观和生态平衡；一些含有大量化学添加剂的钓饵，在水中溶解后，可能会改变水体的酸碱度、溶解氧等指标，对水生生物的生存环境造成影响。

2.5.2 钓钩、钓线、浮漂、抄网等其他垂钓用品

钓钩、钓线、浮漂、抄网等其他垂钓用品多为垂钓爱好者自身所有，会在不同垂钓园中来回反复使用，极易造成鱼病的传播。为了预防鱼病，建议对这类用品进行消毒后再使用。

2.6 人为因素

2.6.1 垂钓者不当行为

垂钓者作为休闲垂钓活动的直接参与者，其行为对水域生态环境和水产品质量安全有着不容忽视的影响。然而，在实际的垂钓过程中，部分垂钓者存在一些不当行为，这些行为不仅破坏了水域的生态平衡，也对水产品的质量安全构成了威胁。

在一些热门的垂钓场所，常常可以看到岸边丢弃的各种垃圾，如食品包装袋、饮料瓶、烟头、鱼饵包装等。这些垃圾不仅影响了水域的美观，还会随着雨水或风力进入水体，造成水体污染。据调查，在某些垂钓集中的湖泊和河流周边，每天产生的垃圾量可达数十千克甚至上百千克。这些垃圾在水中分解，会消耗水中的溶解氧，导致水体缺氧，影响鱼类等水生生物的生存。同时，垃圾中的有害物质，如塑料中的添加剂、金属制品中的重金属等，会逐渐释放到水中，被水产品吸收，从而影响水产品的质量安全。

部分垂钓者为了追求更高的渔获量，过度捕捞幼鱼。幼鱼是鱼类种群的未来，它们的生长和繁殖对于维持水域生态平衡至关重要。过度捕捞幼鱼会导致鱼类种群数量减少，年龄结构失衡，影响鱼类的繁殖和生存能力。相关研究表明，当幼鱼的捕捞量超过一定比例时，鱼类种群的恢复将变得十分困难，甚至可能导致某些鱼类物种的灭绝。此外，过度捕捞还会破坏水域的食物链，影响其他水生生物的生存，进而影响整个水域生态系统的稳定性。

2.6.2 经营者管理缺失

休闲垂钓场所的经营者在保障水产品质量安全方面负有重要责任。然而，一些经营者为了追求经济利益，忽视了对养殖环境和垂钓活动的管理，导致了一系列质量安全问题的出现。

一些经营者为了降低养殖成本，在养殖过程中违规使用药物。例如，为了预防和治疗鱼类疾病，使用禁用的抗生素、激素等药物，或者超剂量、超范围使用药物。这些药物在水产品体内残留，会对人体健康造成潜在危害。长期食用含有抗生素残留的水产品，可能会导致人体产生耐药性，使一些疾病难以治疗；而激素残留则可能影响人体的内分泌系统，导致激素失衡，引发各种疾病。

部分经营者在养殖过程中存在不规范的行为，如投喂劣质饲料、过度投喂、不及时清理池塘等。劣质饲料营养不均衡，无法满足鱼类生长的需求，会导致鱼类生长缓慢、免疫力下降，容易感染疾病。过度投喂会导致饲料浪费，剩余的饲料在水中分解，消耗大量的溶解氧，使水体恶化。不及时清理池塘会导致池塘底部积累大量的淤泥和有机物，这些物质会分解产生有害物质，例如氨氮、亚硝酸盐等，对鱼类的生存造成威胁。

一些经营者对养殖水域的水质不进行定期检测，无法及时发现水质问题并采取相应的措施。在水质受到污染时，仍然继续养殖和开展垂钓活动，使得水产品在受污染的环境中生长，质量安全无法得到保障。据统计，在一些小型的休闲垂钓场所，超过70%的经营者没有定期检测水质的设备和意识。同时，经营者对垂钓者的行为缺乏有效的管理，对于垂钓者随意丢弃垃圾、过度捕捞等行为视而不见，没有进行及时的劝阻和制止，这也进一步加剧了水域环境的恶化和水产品质量安全问题的产生。

2.7 结论

休闲垂钓作为一项广受欢迎的休闲活动，不仅为人们带来了乐趣，还对经济发展和生态保护具有重要意义。然而，当前影响休闲垂钓水产品质量安全的因素众多，从水域环境的污染到饵料添加剂的违规使用，从苗种与养殖管理的不规范到人为因素的破坏，每一个环节都存在着隐患，威胁着水产品的质量安全和消费者的健康。

保障休闲垂钓水产品质量安全是一项系统工程，需要政府、企业、社会组织和个人的共同努力。政府应加强监管力度，完善相关法律法规和标准体系，加大对水域环境的治理和保护投入，严厉打击违规使用药物和添加剂的行为；休闲垂钓场所的经营者要增强责任意识，加强养殖管理，规范使用饵料和药物，定期检测水质和水产品质量；垂钓者也应提高环保意识，遵守垂钓规则，不随意丢弃垃圾，不过度捕捞。只有各方齐心协力，从源头到终端，全方位加强管理和监督，才能有效保障休闲垂钓水产品的质量安全。后续章节将以垂钓经营的时间线分章节介绍垂钓园水产品质量安全控制的关键环节。

第3章 垂钓经营前准备

对于垂钓园而言，经营前的准备工作需要从场址选择、垂钓园环境用水要求、底质要求、池塘的清整与消毒、放养管理等方面进行综合考虑，具体包括以下关键环节。

3.1 垂钓园场址选择

垂钓园的选址应远离饮用水水源地保护区和居民集中居住区，垂钓养殖区域及周边应无对养殖环境构成威胁的污染源，应具有建造垂钓园的地形条件且水源充足、交通便利、水电配套。

3.2 垂钓园环境用水要求

3.2.1 水质标准

垂钓园开展正式经营前，经营者应对垂钓池的水源和养殖用水相应的理化指标进行检测，具体测定结果应符合《渔业水质标准》（GB 11607—1989）的规定，满足此要求方可开展正常的垂钓经营活动。具体项目及标准值如表3-1。

表3-1 渔业水质标准　　　　　　　　　　　　　　　单位：mg/L

项目序号	项目	标准值
1	色、臭、味	不得使鱼、虾、贝类、藻类带有异色、异臭、异味
2	漂浮物质	水面不得出现明显油膜或浮沫

(续表)

项目序号	项目	标准值
3	悬浮物质	人为增加的量不得超过10，而且悬浮物质沉积于底部后，不得对鱼、虾、贝类产生有害的影响
4	pH值	淡水6.5~8.5，海水7.0~8.5
5	溶解氧	连续24 h中，16 h以上必须高于5，其余任何时候不得低于3，对于鲑科鱼类栖息水域冰封期其余任何时候不得低于4
6	生化需氧量（5 d、20 ℃）	不超过5，冰封期不超过3
7	总大肠菌群	不超过5 000个/L（贝类养殖水质不超过500个/L）
8	汞	≤0.000 5
9	镉	≤0.005
10	铅	≤0.05
11	铬	≤0.1
12	铜	≤0.01
13	锌	≤0.1
14	镍	≤0.05
15	砷	≤0.05
16	氰化物	≤0.005
17	硫化物	≤0.2
18	氟化物（以F$^-$计）	≤1
19	非离子氨	≤0.02
20	凯氏氮	≤0.05
21	挥发性酚	≤0.005
22	黄磷	≤0.001
23	石油类	≤0.05
24	丙烯腈	≤0.5

(续表)

项目序号	项目	标准值
25	丙烯醛	≤0.02
26	六六六（丙体）	≤0.002
27	滴滴涕	≤0.001
28	马拉硫磷	≤0.005
29	五氯酚钠	≤0.01
30	乐果	≤0.1
31	甲胺磷	≤1
32	甲基对硫磷	≤0.0005
33	呋喃丹	≤0.01

3.2.2 水质检测

垂钓园在开始正式经营前，经营者可委托具有相关资质的第三方检验检测机构对其垂钓池的水源和养殖用水进行抽样检测，符合标准要求后，方可开展垂钓经营活动。

3.2.3 用水量

垂钓园的取水水源包括从自备井取得的地下水、直供地表水等。垂钓园的取水量供给范围包括保持适合养殖水质和水深要求的补水、换水等主要生产用水量，设备清洗维修、循环水设备反冲洗、水质化验等辅助生产用水量，以及园区职工生活及环境清洁等附属生产用水量。

垂钓园的用水量应符合《用水定额　第5部分：水产养殖》（DB11/T 1764.5—2022）的规定。

单位养殖规模取水量应按式（1）计算。

$$V_{ui} = \frac{V_i}{A} \tag{1}$$

式中：

V_{ui}——单位养殖规模取水量，单位立方米每亩每年 [m³/（667m²·a）] 或立方米每千克每年 [m³/（kg·a）]；

V_i——在一定时期内（年），池塘或工厂化养殖场的取水量，单位为立方米每年（m³/a）；

A——同一时期内（年），养殖规模，面积单位为亩（667m²），产量单位为千克（kg）。

表3-2规定了水产养殖用水定额，垂钓园的用水定额可参照此表执行。

表3-2 水产养殖用水定额

养殖模式	单位	单位养殖规模取水量	
		先进值[a]	通用值[b]
池塘养殖	m³/（667m²·a）	800	1 000
工厂化养殖	m³/（kg·a）	0.5	0.7

注：a：先进值用于水产养殖场的节水评价。
　　b：通用值用于水产养殖场的日常用水管理和节水考核。

3.2.4 排放水要求

垂钓园的排放水应符合《淡水池塘养殖水的排放要求》（SC/T 9101—2007）。如果各地方另有要求则从其要求，如北京执行《水污染物综合排放标准》（DB11/307—2013），按照使用功能和保护目标，垂钓园用水排放去向的淡水水域属于一般水域，该水域养殖废水排放标准指标须执行以下标准要求（表3-3）。

表3-3 垂钓园养殖废水排放标准值

序号	项目	标准值
1	悬浮物，mg/L	≤100
2	pH	6.0~9.0
3	化学需氧量（COD_{Mn}），mg/L	≤25
4	生化需氧量（BOD_5），mg/L	≤15
5	锌，mg/L	≤1.0
6	铜，mg/L	≤0.2

(续表)

序号	项目	标准值
7	总磷，mg/L	≤1.0
8	总氮，mg/L	≤5.0
9	硫化物，mg/L	≤0.5
10	总余氯，mg/L	≤0.2

3.3 垂钓园底质要求

垂钓园的底质也要符合相关标准要求，应符合《水产养殖场建设规范》（NY/T 3616—2020）的规定。垂钓园涉及场地及周边应无工业废弃物和生活垃圾，无异色、异味。土壤的质地宜为黏土、壤土或砂壤土。垂钓园内池塘塘底应平坦，且有向排水口倾斜的坡度，坡度以 1 :（200～500）为宜。此外，还应根据垂钓园的实际需要配备清淤机、底质改良机械等设备。

3.4 垂钓园池塘的清整与消毒

垂钓园池塘的清整与消毒需结合物理清理和化学消毒，具体内容如下。

3.4.1 清整池塘

3.4.1.1 排干池水

垂钓园经营者应安排人员将池塘水排至 10 cm 左右，并清除池底淤泥（建议保留 10～20 cm 底泥），减少病原体滋生。

3.4.1.2 机械清淤

垂钓园经营者应安排人员使用泥浆泵或挖土机彻底清除淤泥，边角处需要人工进行辅助清理，确保无死角。

3.4.1.3 暴晒底泥

垂钓园清淤后应进行暴晒，时间为 5～7 d 为宜，暴晒期间应翻动底泥加速有机物氧化分解，杀灭寄生虫卵和病原体。

3.4.2 消毒处理

垂钓园经营者清整池塘后，应安排工作人员对池塘及钓台等区域进行彻底消毒，参照《池塘养殖通用技术规范》（DB11/T 1869—2021）执行，可采用下列消毒方法。

3.4.2.1 生石灰清塘（干法）

排出塘水，留水 10~15 cm，将生石灰加水溶解，全池泼洒。用量为通常 900~11 255 kg/hm^2，淤泥较少的池塘用 750~900 kg/hm^2。第 2 天翻动底泥，暴晒 5~7 d 后注水。

3.4.2.2 生石灰清塘（带水）

排出塘水，留水 1~1.2 m，将生石灰加水溶解，全池泼洒。用量为 1 875~2 250 L/hm^2。

3.4.2.3 漂白粉（干法）

排干塘水，然后将漂白粉加水溶解、稀释，全池泼洒。用量 60~120 kg/hm^2。

3.4.2.4 漂白粉（带水）

排干塘水，将漂白粉加水溶解、稀释，全池泼洒。用量 195~225 L/hm^2。

3.4.2.5 三氯异氰尿酸粉

排干塘水，全池泼洒。用量为 5~10 mg/L。

3.4.2.6 二氯异氰尿酸钠粉

排干塘水，全池泼洒。用量为 2~5 mg/L。

3.4.2.7 二氧化氯

排干塘水，将二氧化氯主药和催化剂加水溶化稀释，全池泼洒；二氧化氯溶液稀释后可直接全池泼洒。用量为 1~3 mg/L。

3.5 垂钓园放养管理

3.5.1 水产品来源控制

垂钓园的水产品应优先采用自养品种，或从取得渔业生产许可且附有产品合格检验报告的水产养殖场购买的水产养殖品种，应选择鱼体无伤、无病害、健康的水产品。

垂钓园水产品如涉及食用，还应符合《食品安全国家标准 鲜、冻动物性水产品》（GB 2733—2015）的要求。垂钓园外购的水产品应向供货方索要证明其产品质量合格的凭证及相关检测证明。如果无法提供凭证，垂钓园经营者应进行药物残留等委托检测或自主检测，检测参数可参照当年国家或市级的农产品质量安全监测方案执行。具体要求如下。

3.5.1.1 感官要求

垂钓水产品的感官要求应符合表3-4的规定。

表3-4 感官要求

项目	要求	检验方法
色泽	具有水产品应有色泽	取适量样品置于白色瓷盘上，在自然光下观察色泽和状态，嗅其气味
气味	具有水产品应有气味，无异味	
状态	具有水产品正常的组织状态，肌肉紧密、有弹性	

3.5.1.2 污染物限量

垂钓水产品的污染物限量应符合《食品安全国家标准 食品中污染物限量》（GB 2762—2022）的规定。

3.5.1.3 农药残留限量和兽药残留限量

垂钓水产品的农药残留限量应符合《食品安全国家标准 食品中农药残留最大限量》（GB 2763—2019）的规定。

垂钓水产品的兽药残留限量应符合国家有关规定和公告。

3.5.1.4　垂钓园应建立合格供货商档案，内容包括合格供货商的能力、产品质量安全和信用等相关信息

3.5.2　运输

3.5.2.1　基本要求

垂钓水产品的运输应符合《活鱼运输技术规范》（GB/T 27638—2011）的规定。

（1）在活鱼运输、暂养的流通过程中，严禁使用未经国家和有关部门批准取得生产许可证、批准文号和生产执行标准的任何内服、外用、注射的渔药和渔用消毒剂、杀菌剂及渔用麻醉剂产品。禁止使用《中华人民共和国农业部公告第250号》规定的禁用药和对人体具有直接或潜在危害的其他物质。

（2）运输的水产品使用的渔用药物应以不危害人体健康和不破坏生态环境为基本原则，选用自然降解较快、高效低毒、低残留的渔药和渔用消毒剂。

（3）待运活鱼应选择无污染、大小均匀、体质健壮、无病、无伤、活力好的鱼，其品质应符合《食品安全国家标准　鲜、冻动物性水产品》（GB 2733—2015）的要求，药物残留量应符合《中华人民共和国农业部公告第235号》的规定要求。

（4）活鱼在装运前应停喂暂养1~2 d，可采用网箱、水池或池塘暂养，密度视不同的品种而定，一般为20~45 kg/m³。暂养过程应注意水温、盐度、溶氧、pH值等水质变化、鱼的体质和暂养密度等情况，并剔除体质较弱和受伤较重的个体。

（5）每批收购、发运的活鱼应由专职人员进行验收，记录品种、数量、养殖（捕捞）地点、日期、养殖（捕捞）者的姓名，并进行编号和签名。

（6）运输和暂养过程用水水质应符合《渔业水质标准》（GB 11607—1989）的规定，用冰应符合《人造冰》（SC/T 9001—1984）的规定。运输过程中，使用的保活剂应符合《食品安全国家标准　食品添加剂使用标准》（GB 2760—2024）的规定。

3.5.2.2　充氧水运输

（1）运输工具

根据装运方式和鱼的种类、特性、运输季节、距离、数量、运输时间选

择适合的运输工具。装载容器常用木箱、塑料箱、帆布桶和薄膜袋等。重复使用的装载容器应能方便清洗和安装有良好的进排水装置。长途运输时，应采用专用的活鱼运输车或其他配备有小型发电机、循环水泵、管道、过滤装置、控温系统和充氧装置的运输设备。

运输车及装运工具应保持洁净、无污染、无异味，应备有防雨防尘设施。在装运过程中禁止带入有污染或潜在污染的化学物品。

（2）运输管理

充氧水运输方式可分为封闭式充氧运输和敞开式充氧运输两大类型，适用于大、中、小各种规模的活鱼运输。运输前应制定运输计划，包括起运和到达目的地时间；途中补水、换水、洒水、换袋及补氧等管理措施。装运容器在装运前应检查容器是否有破损并清洗干净，必要时进行灭菌消毒。装鱼前，装载容器应先加入新水，并将水温调控至与暂养池的温度相同。

运输过程应根据鱼的种类调节适合的水温，冷水性鱼类水温宜控制在 6~8 ℃，暖水性鱼类水温宜控制在 10~12 ℃。起运前如水温过高，应采用加冰降温或制冷机缓慢降温，降温梯度每小时不应超过 5 ℃。采用敞开式或封闭式充气运输装置装运时，在运输过程中应保持连续充气增氧，使水中的溶氧量达到 8 mg/L 以上。采用塑料薄膜袋加水充氧封闭式装运时，装鱼前应先检查塑料袋是否漏气，然后注入约 1/3 空间的新鲜水，再放入活鱼，接着充入纯氧，扎紧袋口，放进纸板箱或泡沫塑料箱中进行运输。用于航空运输时，充氧袋不应过分充气。应根据不同的鱼类选择合适的运输时间，一般控制在 40 h 内为佳。

（3）暂养

活鱼运达销售目的地后，应根据不同的品种，投放在适宜的水体中暂养。暂养池的水温应预先控制在与运输时基本相同的水体温度，投放鱼时温度相差不应超过 5 ℃。

卸鱼时应使用抄网捞鱼，操作要轻快。投鱼后如需调控水温时，降温梯度每小时不应超过 5 ℃。

在暂养期间，应保持开动水泵循环过滤水质和开动充气机增氧。

3.5.2.3 鱼体消毒

（1）放养前，鱼体应进行消毒。操作时水温宜控制在 10~25 ℃，根据品种的耐受性控制浸浴时间，可选用下列消毒方法。

①食盐水溶液 1%~3%，浸浴 5~20 min；

②聚维酮碘溶液 0.5~1.5 mg/L（以有效碘计），浸浴 3~15 min；

③次氯酸钠溶液 0.5~1.0 mg/L，浸浴 3~15 min；

④复合亚氯酸钠溶液 0.8~1.6 mg/L，浸浴 10~20 min；

⑤戊二醛苯扎溴铵溶液（水产用，100 g：戊二醛 5 g+苯扎溴铵 5 g）0.3 mg/L，浸浴 10 min。

（2）消毒水溶液可用运输水和池塘水共同配制，消毒水溶液与运输水、池塘水温差不宜超过 3 ℃。

3.6 放养

垂钓园的放养品种可根据经营特色进行自主选择，密度合理。放养前，应对水生动物进行消毒。垂钓园应建立放养记录，包括放养时间、池塘编号、品种、数量、规格、来源和产品质量合格凭证等信息，见表 3-5。

表 3-5 垂钓园水产品放养记录

垂钓园名称： 池塘编号：

放养时间	放养品种	来源	放养数量	放养规格	产品质量合格证明	
					证明名称	存放位置

第4章 垂钓期经营管理

垂钓渔业包括城郊池塘垂钓、岛礁垂钓和景观垂钓。本章主要针对利用池塘进行养鱼或囤鱼供城镇居民在休闲时垂钓的相关管理。内容包含投入品管理、垂钓用品管理、日常管理和追溯管理。

4.1 投入品管理

投入品是在生产过程中投入使用的各种物品的统称。农业投入品是农业生产的物质基础，主要包括种子、种苗、农药、兽药、肥料、饲料及饲料添加剂等。农药、兽药用于预防和控制病虫害，保障农作物和畜禽水产健康生长。肥料和饲料则为农作物和畜禽水产提供必要的养分，促进其生长发育。

近年来，在乡村振兴战略和休闲农业政策推动下，我国休闲渔业呈现快速发展态势。根据农业农村部2022年统计数据显示，全国休闲渔业经营主体已突破10万家。《2023年中国休闲渔业发展报告》表明，30%~40%的淡水养殖基地正积极探索向休闲渔业转型升级，通过拓展垂钓、餐饮、观光等多元化经营业态，逐步形成"养殖+垂钓"的产业融合发展新模式。这种新型经营模式在传统养殖投入品（如饲料、兽药）管理基础上，新增了垂钓用投入品的管理需求。

4.1.1 兽药管理

垂钓中的水产动物使用的兽药投入品应从正规渠道购买。如需用药，兽药应符合《水产养殖用药明白纸》要求，并严格按照各兽药产品说明书的规定使用。水产养殖食用动物中禁止使用的药品及其他化合物包括酒石酸锑钾；β-兴奋剂类及其盐、酯；汞制剂；氯化亚汞（甘汞）、醋酸汞、硝酸亚汞、吡啶基醋酸汞；毒杀芬（氯化烯）；卡巴氧及其盐、酯；呋喃丹（克百威）；氯霉素及其盐、酯；杀虫脒（克死螨）；氨苯砜；硝基呋喃类：呋喃西林、呋喃妥因、呋喃它酮、呋喃唑酮、呋喃苯烯酸钠；林丹；孔雀石绿；类固醇激素：醋酸美仑孕酮、甲基睾丸酮、群勃龙（去甲雄三烯醇酮）、玉米赤霉醇；安眠酮；硝呋烯腙；五氯酚酸钠；硝基咪唑类：洛硝达唑、替硝唑；硝基酚钠；己二烯雌酚、己烯雌酚、己烷雌酚及其盐、酯；锥虫砷胺；万古霉素及其盐、酯。水产养殖食用动物中停止使用的兽药包括洛美沙星、培氟沙星、氧氟沙星、诺氟沙星4种兽药的原料药的各种盐、酯及其各种制剂；噬菌蛭弧菌微生态制剂（生物制菌王）及喹乙醇、氨苯砷酸、洛克沙胂3种兽药的原料药及各种制剂。

我国的《兽药管理条例》第三十九条规定："禁止使用假、劣兽药以及国务院兽医行政管理部门规定禁止使用的药品和其他化合物。"第四十一条规定："禁止将原料药直接添加到饲料及动物饮用水中或者直接饲喂动物，禁止将人用药品用于动物。"《农药管理条例》第三十五条规定："严禁使用农药毒鱼、虾、鸟、兽等。"如何鉴别假、劣水产养殖兽药，我国《兽药管理条例》第七十二条规定："兽药，是指用于预防、治疗、诊断动物疾病或者有目的地调节动物生理机能的物质（含药物饲料添加剂），主要包括：血清制品、疫苗、诊断制品、微生态制品、中药材、中成药、化学药品、抗生素、生化药品、放射性药品及外用杀虫剂、消毒剂等。"《兽药管理条例》第四十七条规定："有下列情形之一的，为假兽药：（一）以非兽药冒充兽药或者以他种兽药冒充此种兽药的；（二）兽药所含成分的种类、名称与兽药国家标准不符合的。有下列情形之一的，按照假兽药处理：（一）国务院兽药行政管理部门规定禁止使用的；（二）依照本条例规定应当经审查批准而未经审查批准即生产、进口的，或者依照本条例规定应当经抽查检验、审查核对而未经抽查检验、审查核对即销售、进口的；（三）变质的；（四）被污染的；（五）所标明的适应征或者功能主治超出规定范围的。"《兽药管理条例》第四十八条规定："有下列情形之一的，为劣兽药：（一）成分含量不符合兽药国家标准或者不标明有效成分的；（二）不标明或者更改有效期或者超过有效期的；（三）不标明或者更改产品批号的；（四）其他不符合兽药国家标准，但不属于假兽药的。"

已批准的水产养殖用兽药品种较多，可参考相关要求对垂钓水产动物使用，但应注意以下四点。

①已批准的兽药以《中国兽药典》、兽药质量标准和农业农村部相关公告为准，兽药的通用名称、用法用量和休药期等见兽药产品说明书。

②休药期中"度日"是指水温与停药天数乘积，如某种兽药休药期为500度日，当水温25℃，至少需停药20日，即25℃×20日=500度日。

③垂钓园经营者应按照产品说明书载明的作用与用途、用法与用量、疗程使用兽药，并依法做好用药记录，使用有休药期规定的兽药必须遵守休药期。

④如需使用兽用处方药，需凭借执业兽医开具的处方购买和使用。

目前，我国尚未批准地西泮用于水产动物，依据《中华人民共和国农产品质量安全法》《兽药管理条例》等有关规定，地西泮在水产养殖过程中不得使用；依据《食品安全国家标准　食品中兽药最大残留限量》（GB 31650—2019）等有关规定，地西泮不得在动物性食品中检出。

4.1.2　渔用饲料管理

渔用饲料是用于水产养殖动物的饲料。它是根据鱼类、虾类等水生动物的营养需求专门配制的。从成分来讲，主要包含蛋白质（由鱼粉、豆粕提供）、碳水化合物（谷物类原料提供能量）、脂肪、维生素（像维生素A、D等多种维生素保障水生动物生理功能正常）和矿物质（钙、磷等元素）。在类型方面，有全价配合饲料，其营养全面，能直接用于投喂；浓缩饲料，需要添加能量饲料后才可用于投喂；还有添加剂预混饲料，主要包含各种微量成分，作为配合饲料的半成品。

渔用饲料对于水产养殖业至关重要，优质的渔用饲料能够提高水生动物的生长速度、增强其免疫力，进而提升养殖效益。饲料应符合《渔用配合饲料通用技术要求》（SC/T 1077—2004）的规定。

渔用配合饲料产品通常分为粉状饲料、颗粒饲料、膨化颗粒饲料。购买的配合饲料至少应有两层包装，内层为牛皮纸袋或聚乙烯薄膜，外层为塑料编织袋、防潮纸袋或塑料袋。缝口应牢固，不得破损。

配合饲料产品应放在通风、清洁、干燥的专用仓库内，严禁与有毒、有害物品同库存放。配合饲料产品在常温下的保质期至少为2个月。配合饲料产品在运输中应防止包装破损、日晒、雨淋，严禁与有毒、有害物品混运。装卸时应小心轻放，禁用手钩。

4.1.3 管理要点

养殖、暂养、垂钓等过程中要规范使用兽药、饲料，注意做好以下几点。

4.1.3.1 采购把关

采购饲料投入品时，要通过正规渠道在具有合法经营资质的经销商处购买，主动索取相关证照、证件和合法的票据，并结合包装标签标识对供货单位的资质、兽药产品合法性及质量情况进行审核，包括查验兽药产品"二维码"信息、兽药产品批准文号（或进口兽药注册证号）、兽药产品质量合格证明、兽药成分、用量用法、休药期、存储条件、注意事项、有效期限等。兽药入场时，应当进行检查验收，发现可能含有禁用药物以及假、劣兽药、原料药、人用药的，与进货单不符的、内外包装破损的、没有标识或标识模糊不清的、质量异常的、其他不符合规定的药物坚决不让入场。兽用处方药应当凭执业兽医开具的处方购买，现购现用，并在用药记录对应处标明处方签号。

4.1.3.2 科学用药

水产品发病后要及时准确诊断，从国家已批准的水产养殖用兽药中选用药物，对症下药。用药时，准确计算用药量，切忌滥用渔药与盲目增大用药量或增加用药次数、延长用药时间；施药时要保证良好的环境条件，水质恶化、阴雨天时施药要谨慎；混养池用药时要注意药物对不同养殖动物的毒性，药物配合使用时要注意药物之间的拮抗作用。

4.1.3.3 合格上市

养殖者应当履行农产品质量安全第一责任，对生产销售的产品进行质量控制，保证不使用禁用、停用药物和非法添加物，生产主体在严格落实质量控制相关要求的基础上自觉、自行开具承诺达标合格证，对照承诺达标合格证有关要求，根据实际情况勾选"委托检测、自我检测、内部质量控制、自我承诺"等4项承诺依据中的一项或多项，并对承诺的真实性负责。

4.2 垂钓用品管理

在市场经济条件下，人们对营养和娱乐的追求日趋强烈，养殖水面的渔业生产者也需要寻找渔业生产新的发展途径，因此各种形式的垂钓园相继兴起。普通垂钓园以常规养殖品种为垂钓对象，接待对垂钓对象要求不严格的爱好者，通常以收门票或按渔获重量收费经营；特种垂钓园以特种水产品为垂钓对象，且通常附设比较豪华的度假休闲设施，以满足较高层次的垂钓爱好者的需求。

垂钓用品指在垂钓活动中，为吸引鱼类、提高钓获率或优化钓鱼体验而主动投入水域的所有物质或工具的总称。其核心目的是通过人为干预影响鱼类的行为（如聚集、咬钩等）。

4.2.1 钓具管理

钓具是垂钓者开展垂钓活动所用工具的统称。我国钓鱼历史悠久，通过历代劳动人民的生产实践，创造出了多种多样的钓具。频繁的对外交流活动，也引进了许多其他国家的钓具。常用钓具包括钓竿、钓线、钓钩、浮漂、铅坠等，辅助渔具有线板、漂盒、鱼护、抄网、竿架、太阳伞等。

钓具管理首先是钓具的收纳。可以在垂钓园设置专门的钓具存放区，配置不同规格的置物架。像比较长的鱼竿可以横放在有足够长度凹槽的置物架上；小的鱼钩、鱼线等配件，用分格的收纳盒分类放置，盒上做好标记，方便钓友和工作人员寻找。其次是钓具的租赁管理。如果提供租赁服务，要建立一个清晰的租赁登记系统。记录下每件租出钓具的类型、品牌、租用时间、钓友姓名和联系方式等信息。在钓友归还时，仔细检查钓具是否有损坏。然后是钓具的维护。定期检查钓具的状况，比如鱼竿是否有裂缝、鱼线是否老化等。对于有问题的钓具及时维修或更换，像鱼竿的接口处松动可以用胶水或者专业工具修复；生锈的鱼钩可以除锈或者直接废弃更换。同时宜定期对钓钩、钓线、浮漂、抄网等钓具进行消毒。最后是安全管理。要确保钓具摆放整齐，避免绊倒钓友。一些尖锐的钓具，如鱼钩等，要放在安全的地方，防止意外划伤。

4.2.2 垂钓饵料管理

4.2.2.1 垂钓饵料定义与分类

垂钓饵料是在垂钓活动中用来引诱鱼类进入垂钓点或者上钩的物质。在垂钓活动中，如何让垂钓对象上钩至为关键。不仅需要了解鱼类对鱼饵的生理反应，且还需在鱼饵的形态、颜色等方面做好准备。

饵料通常分为钓饵和诱饵。钓饵即穿在鱼钩上钓鱼的饵料，种类多种多样，一般分拟饵和真饵。通常垂钓中多使用经过加工的钓饵即人工钓饵。人工钓饵是以各种动物性、植物性、微生物性原料为基础，辅以添加剂，经工业化加工、制作的，用于垂钓活动的饵料产品。

垂钓园及垂钓者应使用符合《人工钓饵》（SC/T 5061—2015）要求的钓饵。同时，考虑到不同于饲料喂养动物有一定的吸收消化过程和周期，钓获鱼可能在较短时间内，直接被人食用，所以垂钓者使用的人工钓饵应明确不添加有治疗作用的药物、药物添加剂、抗生素等。

4.2.2.2 地西泮残留的风险与监管

近年来，水产品中的地西泮检出情况备受关注，《2022年国家产地水产品兽药残留监控计划》将地西泮纳入检测指标，标志着农业农村部对未经批准使用的水产养殖兽药监管进一步增强。尹文林等汇总了水产动物中地西泮残留情况，发现2020—2022年在四川、天津、重庆、北京等地不同种类的淡水鱼的销售环节都检出地西泮残留超标。地西泮，又称安定，是一种苯二氮卓类药物，具有抗焦虑、镇静、催眠、抗惊厥、抗癫痫及中枢性肌肉松弛作用，用于人类焦虑症及各种功能性神经症的治疗，也应用于动物镇静和催眠治疗。地西泮在生物体内具有富集作用，可以通过食物链传递，进而影响人体健康，长期暴露于地西泮会增加肝脏负担，可能导致嗜睡、头痛和幻听等副作用。

我国《食品安全国家标准 食品中兽药最大残留限量》（GB 31650—2019）规定地西泮仅允许作治疗用但不得在动物性食品中检出。2002年农业部公告第176号《禁止在饲料和动物饮用水中使用的药物品种目录》中明确规定："禁止在饲料和动物饮用水中使用地西泮"；2020年版《中国兽药典》中地西泮为处方兽药，主要用于牛、马、羊等畜牧辅助镇静作用，但未规定在水产品中可以使用；2024年12月，农业农村部渔业渔政管理局、中国水产科学研究院和全国水产技术推广总站联合发布明确地西泮不列入"已批准的水产养殖用药"名单，根据《兽药管理条例》第四十一条规定："禁止将原料药直接添加到饲料及动物饮用水或者直接饲喂动物，禁止将人用药品用于动物"。因此地西泮未被允许用于水产养殖，指标值设置为不得检出。检索国家兽药基础数据库发现,地西泮没有兽药产品批准文号。

4.2.2.3 垂钓饵料安全管理措施

水产品中地西泮残留的污染来源可能是环境污染、养殖或运输过程中违规用药以及垂钓使用地西泮污染的垂钓饵料,其中垂钓钓饵引起的水产品地西泮残留问题较为突出。前期的研究发现,地西泮呈阳性的养殖水产品大多来自兼具休闲垂钓功能的养殖场,且垂钓园中使用的人工钓饵中地西泮检出率较高。通过休闲垂钓所得水产品多以食用为主,或经过交易进入消费市场,而摄食了受污染钓饵的水产品体内可能残留较高浓度的地西泮,由此引发食品质量安全和消费者健康问题。因此垂钓园有必要对垂钓者自备的人工钓饵、窝饵进行快速检测,及时制止使用未经检测或检测不合格的人工钓饵、窝饵。

钓饵中地西泮快速检测方法:胶体金免疫层析法和酶联免疫吸附测定法(ELISA)。胶体金免疫层析法以抗原与抗体特异性结合为基础。钓饵样本处理后滴加到试纸条上,若有地西泮,会和金标抗体结合物竞争结合在检测区的位点,使颜色出现变化从而判断结果。操作极为简便,不需要专业培训,检测速度快,通常在 5~10 min 就能出结果,很适合现场对钓饵进行快速检测。但是其灵敏度有限,对低含量的地西泮可能出现假阴性情况。酶联免疫吸附测定法(ELISA)是抗原和抗体发生特异性反应,通过酶催化底物显色来放大检测信号。钓饵经过提取等处理后,放入包被抗体的酶标板中进行反应,然后用酶标仪测定吸光度判定地西泮含量。检测灵敏度较高,可以检测出较低浓度的地西泮,准确性相对较好,而且能同时检测多个钓饵样本。不过 ELISA 操作相对复杂,检测过程需要 1~2 h,且需要一定的实验设备如酶标仪等。

4.3 日常管理

随着人们生活水平的提高,休闲垂钓作为一种放松身心的活动日益受到欢迎。垂钓园作为休闲垂钓的主要场所,其日常管理水平直接影响着顾客体验、经营效益与可持续发展。对垂钓园日常管理进行深入分析研究,有助于发现问题、优化管理策略,提升行业整体服务质量。

4.3.1 池塘与水质管理

4.3.1.1 池塘维护

定期对池塘进行清淤,可有效改善水质,减少有害物质积累,一般每1~2年进行一次,淤泥厚度控制在10~20 cm。同时,检查池塘堤坝、进出水口等设施,及时修复渗漏和损坏处,保证池塘结构安全,防止跑水、跑鱼现象发生。

4.3.1.2 水质调控

密切监测水质指标,例如pH值保持在7.5~8.5,溶氧量不低于5 mg/L。通过定期换水(每次换水量10%~20%)、使用增氧设备(晴天中午开启2~3 h)和水质改良剂(如光合细菌、芽孢杆菌等),为鱼类提供适宜生存环境,提高鱼的活力与摄食积极性,增加垂钓成功率。

4.3.2 鱼类资源管理

4.3.2.1 鱼种选择与投放

根据当地垂钓爱好者的喜好,合理搭配鱼种,例如鲫鱼、鲤鱼、草鱼、鲈鱼等。投放健康、规格均匀的鱼苗,投放前做好消毒处理,防止病菌带入。投放密度根据池塘面积、水深和养殖条件确定,一般每亩投放1 000~1 500尾。

4.3.2.2 鱼病防治

坚持"预防为主,防治结合"方针。定期对水体、饲料和工具进行消毒,例如使用含氯消毒剂或生石灰。观察鱼的活动、摄食情况,一旦发现鱼病症状,及时诊断治疗,防止疾病传播扩散,保障鱼群健康,降低养殖损失。

4.3.3 设施与环境管理

4.3.3.1 设施维护

定期检查钓位、遮阳棚、座椅、栏杆等设施的安全性和完整性,及时修复或更换损坏部件。确保照明、供电、供水系统正常运行,为垂钓者提供便利舒适的垂钓条件。

4.3.3.2　环境美化

加强园内绿化管理，种植花草树木，营造优美自然的环境。定期清理园区垃圾，保持环境整洁卫生，设置垃圾桶并及时清运，提升垂钓园整体形象与吸引力。

4.3.4　服务与安全管理

4.3.4.1　服务质量提升

员工应具备良好的服务态度和专业知识，热情接待顾客，解答疑问，提供垂钓技巧指导。设置合理的收费标准，提供多样化的收费套餐，如日钓、夜钓、会员制等，满足不同顾客需求。

4.3.4.2　安全保障

在池塘周边设置明显的安全警示标识，如"水深危险""注意防滑"等。配备必要的救生设备，如救生圈、救生竿等，并定期检查维护。对员工进行安全培训，制定应急预案，确保在发生意外时能迅速、有效地进行救援，保障顾客生命安全。

每日坚持专人巡查垂钓区域是垂钓园运营管理的基础工作，也是保障游客安全与设施正常运行的关键环节。通过巡查，能够及时发现潜在的安全隐患、设施损坏情况以及其他异常状况，为迅速采取应对措施争取宝贵时间，有效避免事故发生，确保垂钓园的平稳运营。

挑选责任心强、具备一定安全意识与设施维护知识的员工担任巡查员。根据垂钓园的规模和布局，合理安排巡查人员数量，确保每个垂钓区域都能得到有效覆盖。例如，小型垂钓园可安排1~2名专职巡查员，大型垂钓园则需根据实际情况增加人员配置，以保障巡查工作的全面性和及时性。

巡查员在巡查过程中一旦发现异常情况，应立即在现场设置明显的警示标识，例如警示三角牌、警戒线等，防止游客靠近危险区域。同时，通过对讲机、手机等通信设备及时向管理人员报告异常情况的具体位置、类型和严重程度。管理人员接到报告后，应迅速组织相关人员对异常情况进行评估，判断其对游客安全和垂钓园运营的影响程度。根据评估结果，制定相应的处理方案。对于一般性的设施损坏，如桌椅轻微损坏、防护栏杆局部松动等，可安排维修人员立即进行现场维修；对于较为严重的安全隐患，例如池塘堤坝出现渗漏、大面积电力故障等，应立即采取紧急措施，例如疏散游客、关闭相关区域等，并组织专业技术人员进行抢修。

垂钓园日常管理涵盖池塘、鱼类、设施、环境、服务和安全等多个方面，各环节相互关联、相互影响。只有做好全面、细致的日常管理工作，才能为垂钓者提供优质的休闲体验，实现垂钓园的经济效益与社会效益，促进休闲垂钓产业健康可持续发展。未来，垂钓园可结合智能化技术，例如水质在线监测、智能投喂等，进一步提升管理效率与服务水平。

4.3.5 水产品质量安全管理

在休闲渔业蓬勃发展的当下，垂钓园作为人们亲近自然、放松身心的热门场所，其管理水平直接关乎顾客体验、经营效益以及行业的可持续发展。从保障游客安全到确保水产品质量，每一个管理环节都至关重要。

4.3.5.1 垂钓记录

（1）记录内容的全面性与准确性

水产品品种记录。详细记录各垂钓池每日钓获的水产品品种，不仅包括常见的鲫鱼、鲤鱼、草鱼等，还应记录一些特色品种，例如鲈鱼、鳜鱼等。准确记录品种信息有助于垂钓园了解不同鱼种的受欢迎程度，为后续的鱼种投放和养殖策略调整提供依据。

重量记录。精确记录每个钓位钓获水产品的重量，可采用电子秤等精准计量工具进行称重。重量数据能够反映出垂钓池内鱼群的生长状况和密度是否合理，同时也可作为垂钓园收费的重要依据之一。通过对不同时间段重量数据的分析，还能发现鱼群生长的规律，为科学养殖提供参考。

销售去向记录。对于钓获后被游客购买带走或垂钓园自行销售的水产品，要详细记录其销售去向。包括购买游客的姓名、联系方式、购买数量，以及销售给其他商家的名称、地址、交易数量等信息。销售去向记录不仅有助于垂钓园进行财务管理和销售统计，还能在食品安全追溯等方面发挥重要作用。

（2）记录方式与管理

传统记录方式。可采用纸质记录表格，由垂钓园工作人员在游客钓获水产品后，及时填写相关信息。纸质记录表格应设计合理，包含所有需要记录的项目，并按照日期、垂钓池编号等进行分类整理，便于查阅和统计。例如每日将不同垂钓池的记录表格装订成册，注明日期和页码，存档保存。

电子记录方式。利用电子表格软件（如 Excel）或专业的渔业管理软件进行垂钓记录。电子记录方式具有数据录入方便、计算快捷、易于统计分析等优点。可设计专门的数据库，将垂钓记录数据按照不同字段进行存储，通过设置数据筛选和统计公式，能够快速生成各种统计报表，例如每日钓获量统计报表、不同鱼种销售情况报表等。同时，电子记录数据便于备份和长期保存，减少了纸质文件存储的空间占用和损坏风险。

数据审核与维护。为确保垂钓记录的准确性和完整性，要建立数据审核机制。安排专人对每日录入的垂钓记录数据进行审核，检查数据是否存在遗漏、错误或异常情况。一旦发现问题，及时与相关工作人员核实并进行修正。定期对垂钓记录数据进行维护，清理过期或无用的数据，保证数据的有效性和管理效率。

（3）垂钓记录的分析与应用

运营策略调整。通过对垂钓记录数据的分析，了解不同时间段、不同鱼种的垂钓情况。例如，发现某个季节某种鱼种的钓获量明显增加，可在该季节来临前适当增加该鱼种的投放量；如果某个垂钓池的钓获量长期较低，可分析原因，如鱼群密度过低、水质问题等，并采取相应的改进措施，如补充投放鱼苗、改善水质等。

客户需求分析。根据垂钓记录中游客的购买信息，分析游客对不同水产品的偏好和购买能力。对于受欢迎的水产品品种，可加大养殖和推广力度；针对不同消费层次的游客，制定差异化的收费策略和服务套餐，提高游客的满意度和忠诚度。

经济效益评估。利用垂钓记录数据，计算垂钓园的收入和成本，评估经营效益。通过分析不同鱼种的销售价格和成本，找出利润较高的品种，优化养殖结构，提高经济效益。同时，根据垂钓记录中的重量数据和收费标准，核算每日、每月、每年的营业收入，为财务预算和决策提供数据支持。

4.3.5.2 工具消毒

（1）消毒的必要性与频率

养殖工具在使用过程中会频繁接触鱼群、水体和饲料等，容易沾染各种病菌、寄生虫和有害物质。如果不及时进行消毒，这些病菌和有害物质会在工具上大量繁殖，并随着工具的使用传播到其他养殖区域，引发鱼病的暴发和传播，给垂钓园带来巨大的经济损失。因此，定期对养殖工具进行消毒是保障鱼群健康生长的重要措施。

消毒频率。根据养殖工具的使用频率和污染程度，合理确定消毒频率。对于经常使用的工具，例如捞网、鱼篓、饲料投喂器等，应每周至少进行一次消毒；对于使用频率较低的工具，例如备用的增氧设备、清淤工具等，可每月进行一次消毒。在鱼病高发季节或发现鱼群有异常情况时，应适当增加消毒频率，确保养殖工具的清洁卫生。

（2）消毒方法与消毒剂选择

①物理消毒方法。高温消毒。对于一些耐高温的养殖工具，例如金属制的捞网、鱼篓等，可采用高温消毒的方法。将工具放入沸水中煮15～30 min，或在蒸汽锅中蒸20～30 min，利用高温杀灭病菌和寄生虫。高温消毒方法简单、安全、环保，且消毒效果可靠。

紫外线消毒。利用紫外线杀菌灯对养殖工具进行照射消毒。将工具放置在紫外线灯下，照射时间一般为30～60 min，确保工具表面充分暴露在紫外线下。紫外线消毒具有快速、高效、无残留等优点，但对一些隐蔽部位的消毒效果可能欠佳，因此在使用时要注意照射角度和范围。

②化学消毒方法。含氯消毒剂。例如漂白粉、二氧化氯等，是常用的化学消毒剂。将含氯消毒剂按照一定比例稀释后，将养殖工具浸泡在消毒液中15～30 min，然后用清水冲洗干净。含氯消毒剂杀菌谱广、消毒效果好，但使用时要注意控制浓度，避免对工具和鱼群造成损害。同时，含氯消毒剂具有一定的刺激性和腐蚀性，使用过程中要做好防护措施。

碘伏消毒剂。碘伏是一种温和、刺激性小的消毒剂，对多种病菌和病毒都有较好的杀灭作用。将碘伏稀释后，用于擦拭或浸泡养殖工具，消毒时间一般为10～20 min。碘伏消毒剂适用于对刺激性敏感的工具，例如塑料制的饲料桶、鱼药容器等。

季铵盐类消毒剂。例如苯扎溴铵、新洁尔灭等，具有杀菌力强、毒性低、稳定性好等优点。将季铵盐类消毒剂稀释后，对养殖工具进行喷雾或浸泡消毒，消毒时间为15～30 min。季铵盐类消毒剂对金属无腐蚀性，适合用于金属工具的消毒。

（3）消毒操作规范与注意事项

消毒前准备。在进行消毒操作前，先将养殖工具清洗干净，去除表面的污垢、杂物和残留的饲料等。清洗后的工具应晾干或擦干，避免水分影响消毒效果。同时，准备好相应的消毒设备和防护用品，例如消毒剂、消毒桶、刷子、手套、口罩等。

消毒操作过程。按照选定的消毒方法和消毒剂使用说明，严格控制消毒剂的浓度和消毒时间。在浸泡消毒时，确保工具完全浸没在消毒液中；在喷雾消毒时，要均匀喷洒，确保工具表面都能接触到消毒液。消毒过程中，要注意避免消毒剂溅到眼睛、皮肤和衣服上，一旦不慎接触，应立即用大量清水冲洗，并及时就医。

消毒后处理。消毒后的养殖工具要用清水彻底冲洗干净，去除残留的消毒剂，防止消毒剂对鱼群造成伤害。冲洗后的工具应放置在通风良好的地方晾干，然后分类存放，避免再次污染。同时，对消毒设备和防护用品进行清洗和消毒，妥善保管，以备下次使用。

4.3.5.3　排水要求

（1）自行净化处理的方法与技术

物理沉淀法。在垂钓园的排水系统中设置沉淀池，让排水在沉淀池中自然沉淀。通过重力作用，使水中的悬浮物、泥沙等沉淀到池底，从而降低排水的浑浊度。沉淀池的设计应合理，根据垂钓园的排水量确定沉淀池的大小和数量，一般沉淀时间为 2~4 h。定期对沉淀池进行清理，将沉淀的污泥等杂质清除，防止其再次进入水体。

生物净化法。利用水生植物和微生物的吸附、分解作用，对排水进行净化。在排水渠道或专门的净化池中种植水生植物，例如芦苇、菖蒲、睡莲等，这些水生植物能够吸收水中的氮、磷等营养物质，降低水体富营养化程度。同时，水中的微生物会分解有机物，将其转化为无害物质。生物净化法具有环保、经济、可持续等优点，但需要一定的时间和空间，且对环境条件有一定要求。

过滤法。采用过滤设备对排水进行过滤，去除水中的悬浮颗粒和杂质。常见的过滤设备有砂滤器、滤网过滤器等。砂滤器通过砂层的过滤作用，将水中的微小颗粒截留；滤网过滤器则根据滤网的孔径大小，过滤掉不同粒径的杂质。过滤法操作简单、效果明显，但需要定期清洗或更换过滤材料，以保证过滤效果。

（2）邻近污水处理站处理的合作与监管

合作方式。与邻近的污水处理站建立合作关系，将垂钓园的排水接入污水处理站的管网。在合作前,要与污水处理站进行充分沟通,了解其处理能力、处理工艺和收费标准等信息。根据污水处理站的要求,对垂钓园的排水进行预处理,如调节 pH 值、去除大颗粒杂质等,确保排水符合污水处理站的进水要求。

监管措施。为确保排水得到有效处理,垂钓园要加强对污水处理站的监管。定期与污水处理站沟通,了解排水处理情况,查看处理记录和检测报告。同时,可自行委托第三方检测机构对排水处理后的水质进行检测,确保排水符合相关标准。一旦发现污水处理站存在处理不达标或违规排放等问题,应及时与污水处理站协商解决,必要时向相关环保部门报告。

(3) 排放水标准与检测

排放水标准。严格遵守《水污染物综合排放标准》(DB11/307—2013) 的规定,对排放水的各项指标进行控制。其中,化学需氧量 (COD) 一般应不超过 50 mg/L,氨氮含量不超过 5 mg/L,总磷含量不超过 0.5 mg/L,pH 值应在 6~9。同时,对排放水中的重金属、农药残留等有害物质也有严格的限量要求。

检测频率与方法。定期对排放水进行检测,检测频率一般为每月至少一次。采用专业的水质检测设备和方法进行检测,例如化学分析法、仪器分析法等。化学分析法通过化学反应测定水中污染物的含量,仪器分析法如分光光度计、色谱仪等则利用物理原理对水中污染物进行定性和定量分析。检测结果应记录存档,以便随时查阅和追溯。如果发现排放水超标,应立即查找原因,采取相应的整改措施,确保排放水符合标准要求。

4.3.5.4 质量安全检测

(1) 委托检测与自主检测的选择与实施

委托检测。应选择具有资质认定(CMA)和农产品质量安全检测机构考核合格证书(CATL)的专业检测机构进行委托检测。通过查询相关资质认证信息、了解检测机构的信誉和口碑等方式,筛选出合适的检测机构。与检测机构签订委托检测合同,明确检测项目、检测频率、检测费用、报告出具时间等内容。

样品送检。按照《水产品抽样规范》(GB/T 30891—2014) 的规定进行抽样,确保样品具有代表性。将抽取的样品妥善包装,在规定时间内送达检测机构。在送检过程中,要注意样品的保存条件,例如冷藏、避光等,防止样品受到污染或变质,影响检测结果的准确性。

自主检测。检测设备与人员配备:购置必要的检测设备,例如水质分析仪、农药残留检测仪、兽药残留检测仪等;根据检测项目的要求,配备专业的检测人员,检测人员应经过相关培训,具备相应的检测技能和知识。

检测流程与质量控制。制定完善的自主检测流程和标准操作规程,确保检测过程的规范化和标准化。在检测过程中,要严格按照操作规程进行操作,做好检测记录。同时,建立质量控制体系,定期对检测设备进行校准和维护,采用标准物质进行质量监控,确保检测结果的可靠性。

(2) 检测记录的建立与管理

记录内容。建立详细的垂钓园水产品质量安全受检记录,包括抽样时间、检验类型(监管部门抽样检测、委托检测或自主检测等)、样品名称、检测池塘编号、检测项目、检测结果等信息。同时,还应记录检测机构名称、检测人员姓名、报告编号等相关信息,以便对检测过程和结果进行追溯。

记录方式与存储。可采用纸质记录和电子记录相结合的方式,将检测记录及时录入电子表格或专业的质量管理软件中,并打印纸质记录进行存档。电子记录应定期备份,防止数据丢失;纸质记录应分类整理,按照时间顺序装订成册,存放在专门的文件柜中,便于查阅和管理。

记录分析与应用。定期对检测记录进行分析,了解水产品质量安全状况的变化趋势。一旦发现某个检测项目出现异常波动或多次检测结果接近标准限值,应及时查找原因,采取相应的改进措施,调整养殖管理方式、加强饲料和鱼药的监管等。同时,检测记录也是垂钓园向监管部门和消费者证明水产品质量安全的重要依据,应妥善保存,以备查验。

(3) 检测结果的处理与反馈

合格结果处理。如果检测结果符合相关标准要求,应及时将检测报告进行存档,并在垂钓园内进行公示,向游客和消费者展示垂钓园水产品的质量安全状况,增强消费者的信任度。同时,继续保持现有的养殖管理和质量控制措施,确保水产品质量的稳定性。

4.3.5.5 钓获物销售

(1)《食品安全国家标准 鲜、冻动物性水产品》(GB 2733—2015)标准解读

主要指标与要求。GB 2733 标准是食品安全国家标准 鲜、冻动物性水

产品的标准，对钓获物销售有着严格的规范。在微生物指标方面，明确规定了菌落总数、大肠菌群、致病菌（如沙门氏菌、副溶血性弧菌等）的限量要求。例如对于生食水产品，副溶血性弧菌的限量标准极为严格，以保障消费者的食用安全。在理化指标上，对重金属（汞、镉、铅等）、兽药残留（氯霉素、硝基呋喃类等）、农药残留等有害物质的残留量做出了明确限制。这些指标的设定是基于对人体健康风险的评估，确保消费者在食用钓获物时不会受到有害物质的危害。

适用范围与销售限制。该标准适用于所有鲜、冻动物性水产品，包括垂钓园的钓获物。对于一些不符合 GB 2733 标准的钓获物，有着明确的销售限制。例如，微生物超标、兽药残留超标的水产品，严禁进入市场销售，必须进行无害化处理，以防止其流入消费环节，危害公众健康。同时，对于一些特定品种的水产品，例如野生保护鱼类，即使符合质量安全标准，也禁止销售，必须遵守相关的保护法律法规。

（2）销售合规管理措施

进货查验与索证索票。垂钓园在销售钓获物时，要严格执行进货查验制度。对于从其他渠道购入的用于销售的水产品，要仔细查验其质量合格证明文件，例如检测报告、检疫证明等。同时，向供货方索取相关的票据，包括发票、进货清单等，建立完整的进货台账。通过进货查验与索证索票，确保销售的钓获物来源合法、质量合格，一旦出现质量问题，能够迅速追溯到源头。

销售过程管理。在钓获物的销售过程中，要保证其储存和运输条件符合要求。对于鲜鱼，要采用低温保鲜措施，如冷藏或加冰保鲜，确保鱼体的新鲜度；对于冻鱼，要在规定的冷冻温度下储存和运输，防止解冻和二次污染。销售场所要保持清洁卫生，定期进行消毒，避免钓获物受到交叉污染。销售人员要具备基本的食品安全知识，避免在销售过程中对钓获物造成损坏或污染。

标识与追溯体系建设。对销售的钓获物进行清晰的标识，标注产品名称、产地、生产日期、保质期、食用方法等信息，让消费者能够充分了解产品情况，做出合理的购买决策。同时，建立完善的追溯体系，利用信息化技术，如二维码追溯系统，将钓获物的养殖、检测、销售等环节的信息进行关联，消费者通过扫描二维码即可查询到产品的全过程信息，实现从池塘到餐桌的全程追溯，增强消费者对产品质量的信任。

（3）违规销售的法律风险与应对

法律责任与处罚。如果垂钓园违反GB 2733标准的规定进行钓获物销售，将面临严重的法律后果。根据《中华人民共和国食品安全法》等相关法律法规，违规行为可能会受到罚款、责令停产停业、吊销许可证等行政处罚；如果造成消费者人身损害，还需承担民事赔偿责任；情节严重的，可能会触犯刑法，构成生产、销售不符合安全标准的食品罪等罪名，面临刑事处罚。

风险防范与应对措施。为了防范法律风险，垂钓园要加强对法律法规的学习，增强法律意识，确保销售行为的合规性。建立健全内部质量管理制度，加强对钓获物质量的把控，从源头杜绝违规销售的可能性。同时，要积极应对可能出现的法律纠纷，建立应急预案，一旦发生问题，及时采取措施，例如，召回问题产品、配合监管部门调查、积极与消费者协商解决等，降低损失和影响。

4.4 追溯管理

在当今对食品安全高度重视的时代，垂钓园作为休闲渔业的重要组成部分，不仅要为消费者提供优质的休闲体验，更要确保所产出的水生动物及相关产品的质量安全。追溯管理体系的建立成为实现这一目标的关键手段。通过建立完善的追溯制度，详细记录水生动物从源头到销售的全流程信息，并对使用的投入品进行留样，垂钓园能够在出现质量问题时迅速定位根源，采取有效措施，保障消费者权益，维护自身品牌形象，同时也满足监管部门的合规要求，为行业的健康发展奠定坚实基础。

4.4.1 追溯制度的重要性与意义

（1）保障食品安全

快速问题定位。在复杂的养殖和销售过程中，一旦出现食品安全问题，如果出现水生动物体内药物残留超标、受污染等情况，追溯制度能够凭借详细记录的信息，快速确定问题出现的环节。例如，通过用药记录可以明确是哪个阶段使用了何种药物，用量是否合规；通过检测记录能知晓问题最早在哪个检测节点被发现，从而精准定位问题源头，采取针对性措施，防止问题进一步扩散。

降低患病风险。消费者食用来自垂钓园的水生动物时，最关心的是其安全性。完善的追溯体系使消费者能够了解产品的全流程信息，增强对产品质量的信任。当出现食品安全事件时，能够及时召回问题产品，最大限度减少消费者因食用问题产品而面临的健康风险。

（2）满足监管要求

合规运营基础。随着国家对食品安全监管力度的不断加大，相关法律法规对渔业养殖和销售环节的追溯管理提出了明确要求。垂钓园建立追溯制度是遵守法律法规的基本体现，确保自身运营的合法性。例如，《中华人民共和国农产品质量安全法》等法规强调了农产品生产经营者的追溯义务，垂钓园作为水生动物的生产者和销售者，必须履行相应责任。

监管配合与信任。健全的追溯体系有助于监管部门对垂钓园进行有效监督管理。监管部门可以通过查阅追溯记录，快速了解垂钓园的运营情况，包括水生动物来源是否合法、养殖过程是否规范等。这不仅提高了监管效率，也增强了监管部门对垂钓园的信任，为双方建立良好的合作关系奠定基础。

（3）提升品牌形象

增强消费者信任。在市场竞争激烈的环境下，消费者更倾向于选择有质量保障、信息透明的产品。垂钓园通过建立追溯制度，向消费者展示其对产品质量的严格把控和负责态度，使消费者能够放心购买和食用钓获的水生动物。这种信任的建立有助于提升垂钓园的品牌知名度和美誉度，吸引更多的客户。

市场竞争力提升。拥有完善追溯体系的垂钓园在市场中具有明显的竞争优势。与其他缺乏追溯管理的同行相比，能够更好地满足消费者对食品安全的需求，从而在市场份额争夺中脱颖而出，实现可持续发展。

4.4.2 追溯制度的关键记录内容

（1）水生动物来源记录

供应商信息。详细记录水生动物种苗的供应商名称、地址、联系方式等。对于供应商的资质进行严格审查，确保其具备合法的生产经营资格。例如，要求供应商提供水产种苗生产许可证等相关证件，并进行备案。同时，记录每次采购的种苗批次号，以便在后续出现问题时能够追溯到种苗的源头。

采购时间与数量。准确记录每次采购水生动物种苗的时间和数量。采购时间的记录有助于分析不同批次种苗在养殖过程中的生长情况和健康状况，为后续的养殖管理提供参考。采购数量的记录则是进行成本核算和养殖规划的重要依据，确保养殖规模的合理性。

（2）放养记录

放养池塘信息。明确记录水生动物放养的池塘编号、面积、水深等基本信息。不同的池塘环境对水生动物的生长可能产生影响，记录这些信息有助于分析养殖效果与池塘环境之间的关系。例如，通过对比不同池塘的养殖数据，发现某个池塘的水生动物生长速度较快，可能是由于该池塘的水质、光照等条件更适宜，从而为优化其他池塘的养殖环境提供依据。

放养密度与品种搭配。记录放养的水生动物品种、数量以及它们之间的搭配比例。合理的放养密度和品种搭配是提高养殖效益和保障水生动物健康生长的关键。例如，在一个池塘中合理搭配草鱼、鲫鱼、鲢鱼等品种，可以充分利用水体空间和饲料资源，同时不同品种之间的生态互补有助于维持池塘生态平衡。记录这些信息可以总结经验，不断优化放养方案。

（3）养殖记录

水质管理记录。定期检测并记录池塘的水质指标，包括 pH 值、溶氧量、氨氮含量、亚硝酸盐含量等。水质是影响水生动物生长和健康的重要因素，通过对水质数据的分析，可以及时发现水质问题并采取相应的调控措施。例如，当发现氨氮含量升高时，可以通过换水、增氧等方式改善水质，防止水生动物因水质恶化而生病或死亡。

饲料投喂记录。记录饲料的投喂时间、投喂量、饲料品牌和成分等信息。合理的饲料投喂是保证水生动物生长速度和质量的关键。通过分析投喂记录，可以了解不同生长阶段水生动物的摄食情况，调整投喂策略，避免饲料浪费和过度投喂导致的水质污染。

（4）用药记录

药物使用信息。详细记录使用药物的名称、剂型、使用时间、使用剂量、使用目的等信息。严格遵守国家关于渔药使用的相关规定，禁止使用禁用药物。对于允许使用的药物，要按照规定的剂量和疗程使用，避免药物残留超标。例如，在治疗水生动物疾病时，记录使用的抗生素名称、使用时间和剂量，以便在后续检测中追溯药物残留情况。

休药期记录。明确记录每次用药后的休药期。休药期是指从停止给药到允许水生动物上市的间隔时间，其目的是确保药物在水生动物体内充分代谢，避免药物残留对消费者健康造成危害。严格遵守休药期规定并记录相关信息，是保障食品安全的重要措施。

（5）检测记录

质量安全检测信息。按照相关标准和要求，定期对水生动物进行质量安全检测，并记录检测时间、检测项目、检测方法、检测结果等信息。检测项目包括但不限于药物残留、重金属含量、微生物指标等。例如，通过定期检测孔雀石绿、氯霉素等禁用药物的残留情况，确保钓获的水生动物符合食品安全标准。

检测机构与报告编号。如果是委托专业检测机构进行检测，要记录检测机构的名称、资质、联系方式以及检测报告编号。这些信息有助于在需要时查阅和核实检测报告的真实性和有效性，同时也便于与检测机构进行沟通和交流。

（6）销售记录

销售对象信息。记录销售的水生动物的去向，包括购买者的姓名、地址、联系方式、购买数量、购买时间等。对于批量销售给商家的情况，要详细记录商家的营业执照信息、销售合同编号等。这些信息有助于在出现质量问题时，能够及时召回问题产品，并向购买者反馈相关信息。销售价格与结算方式：记录销售价格和结算方式，这不仅是财务管理的需要，也是分析市场行情和销售策略的重要依据；通过对比不同时期的销售价格和销售对象，了解市场需求和价格波动情况，为调整销售策略提供参考。

4.4.3　投入品留样管理

（1）留样的重要性

质量追溯依据。投入品如饲料、渔药等的质量直接影响水生动物的生长和质量安全。在出现质量问题时，通过对投入品留样进行检测分析，可以确定是否是投入品质量问题导致的。如果发现养殖的水生动物生长缓慢或出现异常症状，对饲料留样进行检测，可能发现饲料中营养成分不足或含有有害物质，从而为解决问题提供方向。

责任界定工具。当出现质量纠纷时，投入品留样可以作为责任界定的重要依据。如果确定是投入品质量问题导致的损失，可以依据留样检测结果向供应商追究责任，维护自身合法权益。

（2）留样的范围与方法

留样范围。对使用的所有饲料、渔药、水质调节剂等投入品进行留样。对于不同品牌、批次的投入品要分别留样，确保留样的代表性。例如，每次采购新批次的饲料时，都要抽取一定量进行留样，以备后续检测。

留样方法。按照科学的方法进行留样，确保留样的完整性和稳定性。对于饲料留样，一般抽取不少于 500 g 的样品，装入密封袋或密封容器中，标注好留样时间、批次号、品牌等信息。对于渔药留样，要根据药品的性质和剂型，选择合适的留样方式，例如，液体药剂可以用棕色玻璃瓶盛装，固体药剂可以用密封塑料袋包装。留样要存放在阴凉、干燥、避光的环境中，避免样品受到外界因素的影响而发生变化。

（3）留样的保存期限与处理

保存期限。投入品留样的保存期限一般不少于产品保质期或使用后的一个养殖周期。对于一些难以确定保质期的投入品，例如水质调节剂等，留样保存期限不少于一年。在保存期限内，要定期检查留样的状态，确保留样的可用性。

处理方式。在留样保存期限到期后，对留样进行妥善处理。对于无质量问题的留样，可以按照环保要求进行无害化处理；对于存在质量问题的留样，要根据相关规定进行封存和处理，并及时向上级主管部门报告。同时，要对留样处理过程进行记录，以备后续查阅。

4.4.4　追溯管理体系的实施与保障

（1）人员培训与意识提升

专业知识培训。对垂钓园的管理人员、养殖人员、销售人员等进行追溯管理相关知识的培训，包括追溯制度的内容、记录方法、投入品留样要求等。邀请专业的食品安全专家、渔业技术人员进行授课，通过理论讲解、案例分析、实际操作等方式，提高员工的专业知识水平和操作技能。

责任意识培养。通过宣传教育、绩效考核等方式，培养员工的责任意识，使员工认识到追溯管理工作的重要性，自觉遵守追溯制度，认真履行记录和留样等职责。例如，将追溯管理工作纳入员工的绩效考核指标，对表现优秀的员工进行奖励，对违反规定的员工进行处罚。

（2）信息化管理手段应用

追溯管理系统建设。利用信息化技术，建立垂钓园追溯管理系统。该系统可以实现对各项记录的电子化录入、存储、查询和分析，提高追溯管理的效率和准确性。例如，员工可以通过手机 App 或电脑客户端实时录入养殖记录、销售记录等信息，系统自动进行数据存储和整理，方便管理人员随时查询和统计分析。

数据安全保障。加强追溯管理系统的数据安全保障，采取加密技术、备份策略等措施，防止数据泄露和丢失。定期对系统进行维护和升级，确保系统的稳定性和可靠性。同时，设置不同的用户权限，根据员工的职责和工作需要，分配相应的操作权限，保证数据的安全性和保密性。

（3）内部监督与审核机制

定期自查自纠。建立内部自查自纠机制，定期对追溯管理工作进行检查和评估。成立专门的监督小组，对各项记录的完整性、准确性进行检查，对投入品留样情况进行核实，及时发现问题并进行整改。例如，每月对养殖记录进行一次全面检查，发现记录不完整或存在错误的，及时通知相关人员进行补充和修正。

外部审核配合。积极配合监管部门、第三方认证机构等进行的外部审核。在审核过程中，如实提供相关资料和信息，认真听取审核意见和建议，对存在的问题及时进行整改，不断完善追溯管理体系。

垂钓园追溯管理体系的建立是一项复杂而系统的工程，涉及从水生动物种苗采购到产品销售的全流程管理。通过建立完善的追溯制度，如实填写各项关键记录，并对投入品进行科学留样，同时加强人员培训、应用信息化管理手段和建立内部监督审核机制，垂钓园能够实现对产品质量的有效管控，提升自身的管理水平和市场竞争力。在未来，随着消费者对食品安全的关注度不断提高和监管要求的日益严格，追溯管理将成为垂钓园可持续发展的必备条件，只有不断完善和优化追溯管理体系，才能在激烈的市场竞争中立于不败之地，为休闲渔业的健康发展作出贡献。

第5章 通用技术要求

5.1 废弃物收集处理

应对投入品包装、被遗弃的人工钓饵、生活垃圾及病死鱼等分类存放，并及时处理。病死鱼应按《病死水生动物及病害水生动物产品无害化处理规范》（SC/T 7015—2022）的规定进行处理。保留处理档案记录，记载日期、类型、数量、处置方式及操作人等信息。

常用便于操作的处理方法有深埋法，该方法是按照相关规定，将病死水生动物、病害水生动物产品投入深坑中并用生石灰等消毒，用土层覆盖，使其发酵或分解的方法。该方法选址要求掩埋地区应符合国家规定的动物防疫条件，远离居民生活区、生活饮用水水源地、学校、医院等公共场所。掩埋地区应与水生动物养殖场所、饮用水源地、河流等地区有效隔离。

5.1.1 深埋法的技术工艺

（1）深埋坑体容积以处理水生动物尸体及其产品数量确定。

（2）深埋坑底应高出地下水位1.5 m以上，要防渗、防漏。

（3）坑底撒一层厚度为2~5 cm的生石灰或漂白粉等消毒药。

（4）将处理对象分层放入，每层15~20 cm，每层加生石灰覆盖，生石灰重量应大于待处理物重量。

（5）坑顶部最上层距离地表1.0 m以上，用土填埋，应注意填土不要太实，以免尸腐产气、产液导致溢出或渗漏。

5.1.2 操作注意事项

深埋后，在深埋处设置醒目的警示标识。同时，立即用漂白粉等含氯制剂、生石灰等消毒剂对深埋场所进行彻底消毒。每周消毒 1 次，连续消毒 3 周以上。

5.2 人员管理

5.2.1 人员健康

垂钓园应制订员工健康安全计划，建立员工健康安全档案，健康安全计划内容应完整，提供书面的健康安全计划及员工健康安全档案。

健康安全计划内容至少包括：意外事故的预防措施、急救程序、事后处置、员工培训、安全防护、劳保措施、纪律处分规定、不规范操作的纠偏措施、员工健康安全定期会议的记录。

5.2.1.1 意外事故的预防措施

定期进行工作场所风险评估，识别潜在危险源，例如机械设备、电气设备等，并制定相应的控制措施。针对不同岗位和作业内容，制定详细的安全操作规程，明确操作步骤、安全注意事项和应急处理措施。建立设备维护保养制度，定期对设备进行检查、维护和保养，确保设备处于良好状态。保持工作场所整洁、有序，确保通道畅通，照明充足，通风良好，温度适宜。根据岗位风险，为员工配备必要的个人防护用品，例如安全帽、安全鞋、防护手套、防护眼镜、耳塞等，并监督员工正确使用。在工作场所醒目位置设置安全警示标志、标识，提醒员工注意安全。

5.2.1.2 急救程序

在工作场所配备急救箱，并定期检查、补充急救药品和器材。组织员工参加急救知识培训，掌握基本的急救技能，例如心肺复苏、止血包扎等。制定详细的急救流程，明确事故发生后的报告、救治、送医等环节的责任人和操作步骤。在工作场所醒目位置张贴紧急联络电话，包括急救电话、医院电话、负责人电话等。

5.2.1.3 事后处置

成立事故调查组，对事故原因进行深入调查，分析事故责任，制定整改措施。按照规定及时向相关部门报告事故情况，并配合做好事故调查处理工作。做好受伤员工的救治和安抚工作，妥善处理事故善后事宜。根据事故调查结果，落实整改措施，防止类似事故再次发生。

5.2.1.4 员工培训

对新员工进行岗前安全教育培训，使其了解安全规章制度、岗位安全操作规程和应急处理措施。定期组织员工进行安全培训，学习新的安全知识、技能和法规，提高员工的安全意识和技能。针对特定岗位或作业内容，组织员工进行专项安全培训。

5.2.1.5 安全防护

对机械设备加装安全防护装置，例如防护罩、防护栏、联锁装置等，防止机械伤害事故的发生。定期对电气线路和设备进行检查和维护，防止电气火灾和触电事故的发生。对药品进行分类存放，并设置醒目的安全标志，提供必要的防护用品，防止药品泄漏、中毒等事故的发生。配备足够的消防器材，并定期进行检查和维护，组织员工进行消防演练，提高员工的消防安全意识和技能。

5.2.1.6 劳保措施

定期对工作场所的职业病危害因素进行监测，例如粉尘、噪声、有毒有害气体等，并采取相应的防护措施。组织员工进行上岗前、在岗期间和离岗时的职业健康检查，建立员工职业健康档案。根据岗位职业病危害因素，为员工配备必要的劳动防护用品，如防尘口罩、防噪声耳塞、防毒面具等。

5.2.1.7 纪律处分规定

对违反安全规章制度、操作规程的行为进行严肃处理，追究相关人员的责任。建立安全奖惩制度，对安全生产表现突出的员工进行奖励，对违反安全规定的员工进行处罚。

5.2.1.8 不规范操作的纠偏措施

加强现场安全监督，及时发现和纠正员工的不规范操作行为。对员工的不规范操作行为进行安全提醒，并告知其正确的操作方法。对经常出现不规范操作的员工进行针对性的培训教育，提高其安全意识和操作技能。

5.2.1.9 员工健康安全定期会议的记录

建立员工健康安全定期会议制度，每月至少召开一次安全会议。会议内容包括总结上月安全工作、分析安全形势、部署下月安全工作计划、学习安全知识等。做好会议记录，并保存备查。

5.2.1.10 其他

制定火灾、爆炸、中毒等事故的应急预案，并定期组织演练。积极开展安全文化建设，营造良好的安全生产氛围。健康安全计划将根据实际情况进行定期修订和完善，以确保其有效性和适用性。

5.2.2 人员培训

为确保员工的安全与健康，并提升其工作能力，员工应经过培训。

5.2.2.1 培训目标

提高员工安全意识，掌握基本安全知识和技能，预防和减少安全事故发生。掌握钓饵相关知识，提升垂钓服务质量。培养员工良好的卫生习惯，确保垂钓过程的卫生安全。掌握基本急救技能，能够在紧急情况下进行自救和互救。增强员工自我防护意识，正确使用防护装备，避免职业伤害和健康风险。熟悉并遵守员工健康安全计划，确保工作安全有序进行。

5.2.2.2 培训内容

培训内容应涵盖安全知识、钓饵相关知识、良好卫生要求、急救知识、自我防护等方面。具体培训内容参见以下部分。

（1）安全知识

工作场所安全规范。熟悉垂钓场布局，了解安全通道、消防设施位置及使用方法。遵守垂钓场各项安全规定，例如禁止吸烟、禁止酒后作业等。了解并遵守垂钓场危险区域的安全警示标识。

设备操作安全。熟练掌握垂钓设备（如鱼竿、鱼线、鱼钩等）的正确使用方法，避免操作不当造成伤害。了解并遵守设备维护保养规定，定期检查设备，确保设备安全可靠。掌握设备故障应急处理方法，避免故障扩大造成安全事故。

应急处理措施。熟悉垂钓场应急预案，了解火灾、溺水、触电等突发事件的应急处理流程。掌握基本的逃生技能，例如火灾逃生、溺水自救等。了解并掌握常用急救器材的使用方法，例如救生圈、灭火器、急救箱等。

(2) 钓饵相关知识

渔用钓饵种类繁多，分为真饵和拟饵。真饵主要包括不经复杂加工的新鲜或刚解冻的小鱼虾、家禽的肉类或脏器、水产品的皮或内脏、蚯蚓和沙蚕等，还有以农业、畜牧业、水产品加工业的副产物为原料制成的颗粒或粉状的饵料，其种类繁多，例如玉米、小麦、高粱等谷物类，豆饼、花生饼、棉籽饼、菜籽饼、向日葵饼、芝麻饼、椰子饼等油类作物种子榨油后的副产物，米糠和麦麸等农业作物副产物，牛羊骨、内脏等畜牧业加工副产物，鱼骨、鱼血、虾或蟹壳、鱿鱼内脏等水产品加工副产物。拟饵是以橡胶、硅胶、硬质塑料或金属等材料制成的渔用仿生拟饵。渔用钓饵的种类繁多，其功能特点各不相同，传统的真饵仍是产品主流。

钓饵使用方法。熟练掌握不同钓饵的挂钩方法、抛投技巧等。了解并掌握不同钓饵的诱鱼原理和使用技巧，提高垂钓成功率。钓饵的使用方法要根据不同鱼种和水情灵活调整：真饵（如蚯蚓、红虫）挂钩时要保持活性，蚯蚓可截段穿钩，露出钩尖；红虫用皮筋或红虫夹成束挂钩。粉状饵料按比例加水搅拌，静置 3~5 min 让饵料充分吸水，揉搓至软硬适中。商品饵要注意味型搭配，主攻饵：基础饵：状态饵建议 6：3：1，根据鱼情调整雾化速度。冷冻饵需提前解冻，可混合粉饵使用增强诱鱼效果。使用时要勤换饵（一般 15~30 min），保持饵料新鲜度；打窝要少量多次，避免惊鱼。特别注意：夏季饵料容易变质，要现开现用；低温季节可添加腥味剂增强诱食性；流水区域要加大饵料黏性，静水则可提高雾化。挂钩时饵团大小要匹配目标鱼口径，并确保钩尖适度外露以便刺鱼。

钓饵存储要求。了解不同钓饵的存储条件和方法，例如温度、湿度等。掌握钓饵保鲜技巧，延长钓饵使用寿命。钓饵的存储要遵循以下要求：真饵（如蚯蚓、红虫）应放在阴凉通风的容器中，保持适当湿度，温度控制在 5~15 ℃ 为宜，避免阳光直射；粉状饵料需密封保存于干燥处，可放入食品干燥剂防潮；冷冻饵要全程冷冻保存，使用前按需解冻，避免反复冻融；商品饵要注意保质期，开封后尽快用完，每次取用后要扎紧袋口。所有饵料都应分类存放，避免串味，远离化学品和高温环境。特别要注意：活饵容器要定期清理，死饵及时剔除；夏季要缩短存储时间，防止变质；不同鱼种的专用饵要分开存放，避免混淆。建议每次出钓前检查饵料状态，变质饵料务必丢弃。

(3) 良好卫生要求

个人卫生。保持良好的个人卫生习惯，勤洗手、勤剪指甲、勤换工作服。工作期间不得佩戴首饰、留长指甲等，避免造成污染。手部消毒首选含75%酒精的免洗洗手液揉搓20~30 s，或采用"七步洗手法"用肥皂流水冲洗40~60 s。

工作环境清洁。保持工作区域整洁卫生，及时清理垃圾、杂物等。定期对工作区域进行消毒，物体表面消毒应先清洁后消毒，使用含氯消毒剂或75%酒精擦拭，防止细菌滋生。

工具消毒。对垂钓工具（如鱼竿、鱼线、鱼钩等）进行定期消毒，防止交叉感染。垂钓工具的定期消毒可以这样操作：鱼竿用75%酒精湿巾从手柄到竿梢全面擦拭，特别是接缝处；鱼线浸泡在稀释的含氯消毒液（如1∶100的84消毒液）中10 min后清水冲洗；鱼钩、铅坠等金属配件可用酒精棉片消毒，或煮沸5 min（注意保护钩尖）；鱼护、抄网等尼龙制品用肥皂水刷洗后，浸泡消毒液15 min晾干。每次使用后都应简单清洁，长期存放前要做彻底消毒。注意：消毒后要用清水冲洗残留，金属部件要及时擦干防锈，塑料和尼龙制品避免暴晒老化。建议每月全面消毒一次，雨季或高温季节可适当增加频次。

科学消毒要掌握正确方法。不同消毒剂不可混用，使用酒精时远离火源，消毒后必要时用清水擦拭残留。日常消毒应适度，过度消毒反而有害健康，特殊场所需按专业规范操作。存放消毒剂时要避光密封，放置在儿童接触不到的地方。

(4) 急救知识

溺水。发现溺水者时，首先要确保自身安全，切勿盲目下水施救。应立即拨打120并就近寻找救生器材（如救生圈、长竿等）。将溺水者救上岸后，迅速检查意识和呼吸，若无反应且无呼吸，立即开始心肺复苏。先清理口鼻异物，开放气道，进行人工呼吸（每次吹气1 s，见胸廓隆起），然后以每分钟100~120次的频率进行胸外按压（深度5~6 cm），若现场有除颤仪（AED），应尽快使用。注意在复苏过程中要保持患者身体干燥和温暖，所有操作要持续进行，直至患者恢复自主呼吸或专业急救人员到达。切记：切勿采用"倒水"等错误方法，以免延误抢救时机。对于意识清醒的溺水者，也要送医检查，防止发生"迟发性溺水"。注意：无论是溺水还是其他原因导致的心脏骤停，早期高质量的心肺复苏配合除颤仪使用能显著提高生存率，坚持施救至关重要。儿童急救需适当调整力度，建议接受专业急救培训，掌握正确施救方法。

止血。止血方法是应对外伤的基本技术，常见致伤原因有缆绳绞伤、渔具击伤、机械轧伤。常见的现场止血方法主要有指压动脉止血法、直接压迫止血法、加压包扎止血法、填塞止血法、止血带止血法。其中，加压包扎止血法是目前最常用的止血方法。在应用时可根据具体情况选用以达到快速、安全止血的目的。遇到出血时，如果是体表出血，首先选择压迫止血。用无菌纱布或棉垫直接按压伤口 5~10 min（不要频繁查看），当压迫止血法不能完全止血时，可采用止血带止血法。选择一个长条形的宽 5~10 cm 的布条，在伤口上端 5 cm 的位置进行捆扎，布条下应使用软布或棉垫做保护，不要使布条直接勒在皮肤上。然后，将布条两端打成一个蝴蝶结，如果现场有笔或者树枝，将其插在蝴蝶结内进行旋转，通过拧紧止血带的方法来止血。最后，在止血带上标注捆扎时间，一般要求打 40~60 min 止血带，放松 1~2 min（大动脉出血除外），且布料不能太细（禁用铁丝、电线等），平时优先使用按压止血法，止血带是最后选择。使用后要立即送医，并告知使用时间。如果是腔道出血（以鼻腔为例），需采用填充止血法进行止血，用纸巾或棉球折成卷状进行填堵。需注意如果是由于颅脑损伤造成的鼻出血，不建议现场填充，而应及时就医。

对于小伤口，清洁后按压包扎即可；大伤口要避免移动伤员，抬高伤肢（骨折除外），保持伤者温暖和清醒。注意：任何止血操作都要先确保自身安全，戴手套防护！

遇到烧伤时，应掌握烧伤的应急处理方法。立即按照"冲、脱、泡、盖、送"五步处理。冲：马上用 15~25 ℃的流动清水冲洗伤处 15~20 min，降温止痛（注意水流不要太急）。脱：轻轻去除烧伤部位的衣物饰品，如果粘连不要硬撕，用剪刀小心剪开。泡：小面积烧伤可继续浸泡在冷水中 10~15 min（大面积烧伤不宜浸泡）。盖：用干净的无菌纱布或清洁布料覆盖伤口（不要用棉花、毛巾等易掉絮的材料）。送：严重烧伤要立即送医，途中保持伤者平卧，注意保暖。特别注意：不要使用冰敷、涂抹牙膏/酱油等偏方，水疱不要自行挑破，化学烧伤要先擦去化学品再冲洗，电烧伤要确保断电后再施救，保持伤者呼吸道通畅（尤其面部烧伤时）。

（5）自我防护

防护装备使用。熟练掌握防护装备（如手套、口罩、防护服等）的正确使用方法。了解不同防护装备的防护功能和使用注意事项。

职业伤害预防。了解垂钓作业中常见的职业伤害，例如肌肉拉伤、蚊虫叮咬等。掌握预防职业伤害的方法，例如正确姿势、使用防护装备等。

健康风险防范。了解垂钓作业中可能存在的健康风险，例如中暑、溺水等。掌握预防健康风险的方法，例如避免高温作业、注意防暑降温等。

（6）员工健康安全计划

政策与流程。熟悉垂钓场制定的员工健康安全政策和流程，了解员工健康安全计划的具体内容和实施要求。

责任与义务。明确员工在健康安全方面的责任和义务。了解违反健康安全规定的后果和处罚措施。

5.2.3　培训方式

通过课堂讲解、案例分析等方式，向员工传授安全与健康知识。组织员工进行实际操作演练，例如设备操作、急救技能等，提高员工实际操作能力。通过笔试、实操等方式对员工进行考核评估，确保培训效果。

5.2.4　培训时间

新员工入职前必须参加培训，培训时间不少于 8 h。在职员工每年至少参加一次培训，培训时间不少于 4 h。

5.2.5　培训记录

建立员工培训档案，记录员工参加培训的时间、内容、考核结果等信息。定期对培训效果进行评估，并根据评估结果不断改进培训内容和方式。

5.2.6　人员档案

为确保人员管理的规范性和可追溯性，应建立完善的人员档案，至少包含以下信息。

（1）人员资质

记录员工的学历、专业资格证书、岗位资质等相关信息，确保其具备从事相关工作的资格。

（2）健康情况

定期更新员工的健康检查记录，确保其健康状况符合岗位要求。

（3）培训记录

详细记录员工参加的各类培训，包括岗前培训、技能培训、安全培训等，确保员工具备必要的知识和技能。

（4）其他信息

可根据需要补充员工的岗位职责、工作表现、奖惩记录等信息，便于全面了解和管理人员。

通过建立完整的人员档案，可以有效提升人员管理的规范性和透明度，为企业运营和合规性提供有力支持。

5.3 智能化设施设备

5.3.1 视频监控系统

在垂钓场所安装视频监控系统是提升管理效率、保障安全和优化用户体验的有效手段。通过安装高清摄像头、红外摄像头和水下摄像头等设备，可以全面覆盖入口、出口、停车场、垂钓区域、休息区及水下区域，确保对关键区域的无死角监控。搭配网络视频录像机（NVR）或数字视频录像机（DVR）等录像设备，监控数据能够被高效存储和管理，而显示器和网络设备则支持实时查看和远程访问。此外，配备不间断电源（UPS）等电源设备，可保障系统稳定运行。

视频监控系统具备实时监控、远程访问、录像存储、移动侦测、夜视功能和双向对讲等功能。管理人员可通过手机或电脑远程查看监控画面，实时掌握场所动态；系统还能自动检测异常并报警，同时保存录像以备事后查看。夜间监控通过红外摄像头清晰呈现，而双向对讲功能则便于与现场人员即时沟通。

在安装和使用过程中，需特别注意隐私保护，避免侵犯垂钓者隐私，必要时设置提示标识。同时，定期维护和检查设备，确保系统长期稳定运行，并采取数据加密等措施，防止监控数据泄露。

总之，视频监控系统的安装不仅能够有效提升垂钓场所的安全性和管理效率，还能为用户提供更安心的垂钓环境，全面提升整体体验。

5.3.2 水质监测设备

在垂钓场所安装水质监测智能化设施设备，能够为垂钓者提供实时、准确的水质信息，提升垂钓体验，同时保障水环境健康。通过部署多参数水质监测仪、溶解氧传感器、pH 传感器、温度传感器等设备，可以实时监测水体的溶解氧、酸碱度、温度等关键指标，并通过无线传输模块将数据发送至云端或移动应用平台，方便管理人员和垂钓者随时查看。此外，系统还支持异常报警功能，当水质参数超出安全范围时，自动发出警报，提醒及时采取措施。这不仅有助于维护垂钓场所的生态平衡，还能为垂钓者提供更科学的垂钓指导，提升整体服务质量和用户满意度。

5.3.3 自动采样器

垂钓场安装自动采样器智能设备，能够实现对水质的自动化、精准化监测，为垂钓者和管理者提供科学依据。该设备可定时或按需自动采集水样，并通过传感器实时分析水质参数，例如溶解氧、pH 值、温度、浊度等关键指标。数据可通过无线传输模块发送至云端或移动应用平台，方便远程查看和分析。同时，设备支持异常报警功能，当水质出现问题时及时提醒管理人员采取措施。自动采样器的应用不仅有助于维护垂钓场的水环境健康，还能为垂钓者提供更优质的垂钓体验，提升场所的管理水平和用户满意度。

5.3.4 自动控制系统

垂钓场自动控制系统通过智能化技术实现对水质、设备运行和环境条件的精准管理，提升管理效率并优化垂钓体验。该系统主要包括水质监测、自动投喂、环境控制（如增氧、温控、光照调节）和设备管理等功能模块。通过传感器实时采集水质数据（如溶解氧、pH 值、温度等），系统可自动调节增氧机、加热器、投饵机等设备，确保水体环境稳定。管理人员可通过手机或电脑远程监控和控制设备运行，系统还支持异常报警和数据分析，帮助优化管理策略。具体操作包括：设置水质参数阈值、定时投喂计划、远程启动或关闭设备等，实现垂钓场的智能化、自动化管理，为用户提供更安全、舒适的垂钓环境。

5.4 生产过程检查

对垂钓过程及相关记录进行检查是确保垂钓场安全、规范运营的重要环节。检查内容应涵盖以下几个方面。

5.4.1 垂钓设备检查

垂钓装备包括钓竿、钓线、鱼钩、浮漂等设备是否完好无损，是否存在安全隐患。需重点关注以下环节：钓竿要检查竿体是否有裂纹或变形，导环是否松动脱落；钓线需观察是否存在起毛、硬化或明显磨损，特别留意经常摩擦的线节部位；鱼钩要确认无锈蚀、变形或钩尖变钝情况；浮漂需测试浮力是否正常，检查漆面完整性和漂尾可视度。同时要仔细检查八字环、铅坠等小配件是否完好，连接处是否牢固。所有金属部件应保持干燥防锈，尼龙制品避免长期暴晒老化。特别强调：出钓前必须全面检查，发现钓线发脆、鱼钩生锈、浮漂开裂等隐患必须立即更换，这些细节问题可能引发断线跑鱼甚至伤人事故。建议建立装备检查表，定期维护保养，确保安全使用。

5.4.2 水质监测记录

检查水质监测数据（如溶解氧、pH 值、温度等）是否在正常范围内，是否存在异常波动或超标情况。水质监测需重点检查以下关键指标：溶解氧应保持在 5 mg/L 以上，pH 值稳定在 6.5～8.5 区间，氨氮含量低于 1.0 mg/L。同时要关注水温变化幅度，特别警惕溶解氧骤降、pH 值异常波动或氨氮突然升高等危险信号。所有监测数据应做好记录，发现任一指标连续超标（如溶解氧<3 mg/L 持续 2 h）必须立即采取增氧、换水等应急措施，并排查污染源。

5.4.3 垂钓行为规范

观察垂钓者是否遵守场所规定，例如，是否使用违规饵料、是否在禁止区域垂钓等需重点观察；是否使用违禁活饵或添加剂；是否在禁钓区、水深警示区等危险区域垂钓；钓位间隔是否符合安全距离（建议≥5 m）；是否随意丢弃垃圾或饵料包装。同时检查钓具是否符合规定，例如禁用多钩、锚钩等违规钓具。发现违规行为应立即劝阻，对使用有毒饵料等严重违规者应上报管理方处理。建议在显眼位置设置警示标识，定期巡查，维护垂钓秩序。

5.4.4 安全设施检查

检查救生设备（如救生圈、救生衣、救生哨）是否齐全且可用，警示标识是否清晰可见。检查救生设备时，要确认救生圈是否完好无损，检查外层防护套有无破损，系绳是否牢固，浮力材料是否外露；救生衣要查看所有绑带和扣具是否完整可用，浮力材料是否均匀分布无老化，反光带是否清晰可见。同时要测试救生哨是否正常发声，检查生产日期是否在有效期内（通常救生衣使用年限为3~5年）。每次使用前后都应进行检查，长期存放时要避免阳光直射和潮湿环境，定期取出晾晒。特别注意：救生设备严禁随意改装，发现任何损坏必须立即更换，关键时刻这些设备就是生命保障。建议建立检查记录，确保每件救生设备都处于随时可用的良好状态。

5.4.5 环境卫生检查

检查垂钓区域及周边环境是否整洁，是否存在垃圾堆积或污染问题。检查垂钓区域时，需重点查看岸边和水面是否有垃圾堆积，特别留意塑料袋、饵料包装等漂浮物；观察水体是否浑浊或有油污、异味等污染迹象；检查岸边是否有工业废水排放口或农业径流汇入。同时注意周边是否有危险障碍物，例如断裂的树枝、裸露的钢筋等。发现环境问题应及时清理或向相关部门反映，确保垂钓环境安全整洁。

5.4.6 设备运行状态

检查增氧机、投饵机等设备是否正常运行，是否存在故障或异常噪声。检查增氧机、投饵机等设备时，需确认电源是否连接稳固，开机后观察运行是否平稳，有无异常震动或噪声；检查叶轮、电机等核心部件是否正常运转，投饵机出料是否均匀；查看设备外壳有无破损、线路是否老化。发现异响、过热或运转不畅等情况应立即停机检修，定期清理设备附着物，做好防锈保养，确保设备始终处于良好工作状态。

5.4.7 生产过程检查记录

建立详细的生产过程检查记录，至少包括以下信息：明确检查的具体项目，例如"水质监测数据""垂钓设备状态"等内容；记录发现问题或隐患，例如"水质 pH 值超标""钓线老化"等；针对检查出的问题应提出具体整改措施，例如"更换老化钓线""调整增氧机运行时间"等；记录检查人员及标明检查的具体时间。

5.5 记录管理

宜安排专人负责记录管理，定期收集各环节的生产和质量安全记录，并对照相关要求检查记录填写的完整性、规范性，妥善保存不少于 2 年。为确保垂钓质量安全记录的有效管理，建议采取以下措施。

5.5.1 专人负责

指定专人负责记录管理工作，确保职责明确，避免管理混乱。

5.5.2 定期收集

定期从各生产环节收集相关记录，确保信息的及时性和完整性。

5.5.3 检查与核对

对照相关标准和要求，检查记录的填写是否完整、规范，确保记录的真实性和准确性。

5.5.4 妥善保存

所有记录应妥善保存，保存期限不少于 2 年，以便后续追溯和审查。

通过以上措施，可以有效提升记录管理的规范性和可追溯性，确保垂钓质量安全管理的合规性。

综上所述，本章的通用管理要求为垂钓场所的规范化运营提供了全面指导。通过科学管理、技术创新和环保实践，垂钓场所不仅能提升用户体验，还能实现经济效益与生态保护的平衡，推动休闲垂钓产业的可持续发展。未来，随着智能化技术的普及和环保意识的增强，垂钓行业的管理标准将进一步完善，为更多人提供安全、健康、绿色的垂钓环境。

第6章 水产品质量安全快速检测技术

免疫层析检测技术在食品安全领域展现出极为迅猛的发展势头。回溯至20世纪后半叶，该技术便掀起了一轮发展高潮，于快速检测市场长期稳居主导，近乎处于垄断地位。踏入21世纪，我国食品安全检测事业开启了快速发展的全新征程。2018—2019年，江南大学食品学院胥传来课题组研发的西布曲明免疫层析试纸条、重金属免疫层析试纸条成功进入市场，并得到广泛应用。

随着我国各县级行政区域全面实现对食品污染物及有害因素检测的覆盖，国内专注于食品安全快速检验产品研发、生产、销售及技术服务的企业如雨后春笋般纷纷涌现。特别是在检测对象种类的拓展上，取得了重大突破。这一系列进展使得国外品牌产品在我国的市场份额从2002年的90%以上急剧下滑至目前的20%以下，销售价格也大幅降低，降幅约2/3。免疫层析试纸条作为快速检测领域的前沿产品，其发展态势同样极为迅猛，为我国食品安全检测事业的发展注入了强劲动力，有力推动了行业的进步。

然而，免疫层析检测技术的发展并非一帆风顺，仍面临着诸多制约因素。在产品生产环节，当前市场上免疫层析快速检测产品的竞争呈现出无序状态，生产企业的水平参差不齐。众多以"贴牌"形式销售产品的小企业充斥市场，部分产品的检测水平难以达到国家法规规定的限量要求，检测过程易受环境条件影响，批次间稳定性较差。从市场产品技术评价的角度来看，产品质量缺乏有效的监管以及第三方监督机制的约束，导致产品质量优劣不一，并且产品性能评价缺少统一规范的程序与操作细则。

为提升食品快速检测方法及产品的公信力，针对免疫层析快速检测技术与产品开展验证评价工作已迫在眉睫。

（1）胶体金免疫层析试纸条（卡）的检测原理及优势

在食品安全检测的技术体系中，胶体金免疫层析试纸条（卡）占据着独特且重要的地位。其以胶体金作为显色媒介，巧妙运用免疫学中抗原抗体特异性结合这一核心原理。当待测样本在层析过程中流动时，样本中的目标物（抗原或抗体）会与固定在试纸条（卡）上的相应抗体或抗原发生特异性结合反应，与此同时，标记有胶体金的抗体或抗原也参与其中，随着层析过程推进，最终在特定区域形成肉眼可见的显色条带，以此达到检测目的。

这种检测方法在食品安全检测方面展现出诸多卓越优势。操作极为简单，无须专业技术人员进行复杂的培训，普通工作人员即可迅速上手。检测速度堪称高效，与传统检测手段相比，能在极短时间内给出结果，极大地提升了检测效率。结果准确性也有相当保障，通过合理的设计和优化的反应体系，可有效降低误判率。并且该方法不会产生污染，对检测环境友好。更为突出的是，它对检测场所和检测设备要求极低，无须配备专业、昂贵的实验室设备，也无须特定的实验环境，无论是在实验室，还是在农产品生产现场、农贸市场等场所，均可随时随地开展检测工作。

鉴于上述优势，胶体金免疫层析法在兽药物残留初筛和现场检测领域得到广泛应用。相关部门依托该方法，颁布了一系列检测标准，例如，《水产品中恩诺沙星、诺氟沙星和环丙沙星残留的快速筛选测定 胶体金免疫渗滤法》（农业部1077号公告-7-2008）、《水产品中孔雀石绿的快速检测 胶体金免疫层析法》（KJ 201701）、《水产品中氯霉素的快速检测 胶体金免疫层析法》（KJ 201905）、《水产品中硝基呋喃类代谢物的快速检测 胶体金免疫层析法》（KJ 201705）、《动物源性食品中四环素类药物的快速检测 胶体金免疫层析法标准》（KJ 202303）、《水产品中地西泮残留的快速检测 胶体金免疫层析法》（KJ 202105）等，多达百余项标准，这些标准为规范检测流程、保障检测质量提供了有力支撑。

（2）胶体金免疫层析试纸条（卡）生产和使用现状

目前，胶体金免疫层析试纸条（卡）的生产市场呈现出一定规模。生产此类产品的厂商数量达数十家，仅在北京地区，就汇聚了北京勤邦生物技术有限公司、北京维德维康生物技术有限公司、北京六角体科技发展有限公司、北京赛必达科技有限公司、北京普赞生物技术有限公司等十余家企业，这些企业所生产的产品种类繁多，达数百项之多。

从使用端来看，食品安全检测需求极为旺盛。以北京市为例，13个涉农区均已成立农产品质量安全综合质检站，百余个涉农乡镇以及主要农产品批发市场也都设置了农产品质量安全监管站。这些站点每日都承担着大量针对农产品质量安全的快速检测任务。经统计，每年用于快速检测产品的资金投入达数千万，而其中胶体金免疫层析试纸条（卡）在快速检测产品的消耗中占据主导地位。

然而，在实际使用过程中，暴露出一个不容忽视的问题。通过各省市的使用反馈可知，不同厂商生产的胶体金免疫层析试纸条（卡）在使用效果上存在显著差异。更为严峻的是，即便同一厂家生产的不同产品，其使用效果也参差不齐。若使用的胶体金免疫层析试纸条（卡）性能不可靠，不仅会导致人力、物力和财力的大量浪费，更为关键的是这将直接对农产品质量安全的监管效率产生负面影响，使得监管部门难以在第一时间准确掌握农产品质量状况，无法及时采取有效措施阻止不合格产品流入市场，威胁公众健康。

（3）背景驱动与传统检测困境

随着社会的持续进步和人们生活水平的稳步提升，食品安全问题日益成为社会关注的焦点。自2013年习近平总书记提出确保"舌尖上的安全"以来，食品安全工作便被提升到前所未有的高度。2015年和2021年，我国两次对《中华人民共和国食品安全法》进行修订，不断完善食品安全法律体系。党的二十大报告更是将食品安全纳入全面深化改革、推进国家治理体系和治理能力现代化板块进行统筹部署，对食品安全工作提出了全新且更高的要求。农产品作为食品的重要原料，其质量安全状况直接关系到食品安全的大局，因此保障农产品质量安全显得尤为重要。

在保障食品安全的技术手段中，质量安全检测技术无疑是关键支撑。传统的常规定量检测虽然在准确性方面具有一定优势，但存在诸多局限性。它需要固定且条件良好的实验场所，配备价格昂贵、性能优良的仪器设备，同时样品前处理过程烦琐，检测周期较长。这就导致在面对突发食品安全事件，或在运输抽检、市场抽检等场景时，无法在短时间内提供检测数据。例如，在突发事件引发公众热议、持续发酵时，由于缺乏检测数据支撑，相关部门难以迅速做出科学决策；在对运输车辆或市场进行抽检时，等检测结果出来，运输车辆中的货物或市场上的产品可能早已销售完毕，根本无法及时阻止不合格产品流向消费者，严重影响了食品安全监管的时效性和有效性。

（4）快速检测技术兴起与胶体金免疫层析试纸条（卡）的作用

正是在传统检测技术面临困境的背景下，食品快速检测技术在近十年来得以迅猛发展壮大。这一系列新技术涵盖了化学比色法、酶联免疫法、胶体金免疫层析法、电化学生物传感器法、拉曼光谱法等。其中，胶体金免疫层析试纸条（卡）凭借自身独特优势，成为快速检测技术中的佼佼者。

这些快速检测技术能够在现场直接开展检测工作，检测时间大幅缩短，仅需数个小时甚至数分钟便能得出检测结果。通过快速检测，可快速锁定疑似不合格样品，为现场执法提供有力支持，方便执法人员及时封存不合格产品，有效阻止不合格产品流入市场，极大地提升了食品安全监管的及时性和有效性，在保障公众食品安全方面发挥着日益重要的作用。

6.1　水产品中氯霉素的快速检测胶体金免疫层析法

本方法摘自《水产品中氯霉素的快速检测　胶体金免疫层析法》（KJ201905）。

本方法规定了水产品中氯霉素的胶体金免疫层析快速检测，适用于水产品中氯霉素的快速测定。

6.1.1　原理

本方法的测定以竞争抑制免疫层析原理为基础。样品中的氯霉素经有机试剂提取，固相萃取小柱净化，浓缩复溶后，氯霉素与胶体金标记的特异性单克隆抗体结合，抑制了抗体和微孔膜检测线（T线）上抗原的结合，从而导致检测线颜色深浅的变化。通过检测线与控制线颜色深浅比较，对样品中氯霉素含量进行定性判定。

6.1.2　试剂和材料

除另有规定外，本方法所用试剂均为分析纯，水为GB/T6682规定的二级水。

6.1.2.1　正己烷、丙酮、乙酸乙酯、乙腈、氯化钠、磷酸二氢钠（$NaH_2PO_4 \cdot 2H_2O$）、磷酸氢二钠（$Na_2HPO_4 \cdot 12H_2O$）

6.1.2.2　复溶液

称取0.12 g磷酸二氢钠置于100 mL容量瓶中，用水溶解并稀释至刻度，制成溶液A；称取磷酸氢二钠7.16 g置于100 mL容量瓶中，用水溶解并稀释至刻度，制成溶液B。取溶液A 2.8 mL、溶液B 7.2 mL、氯化钠

0.85 g，用水溶解并稀释至 100 mL，得磷酸盐缓冲液，即为复溶液。

6.1.2.3 丙酮-正己烷（1+9）

丙酮、正己烷按体积比 1：9 混匀。

6.1.2.4 丙酮-正己烷（6+4）

丙酮、正己烷按体积比 6：4 混匀。

6.1.2.5 标准物质

氯霉素（Chloramphenicol），CAS 号 56-75-7、分子式 $C_{11}H_{12}C_{12}N_2O_5$、相对分子质量 323.13，纯度≥98.6%。

6.1.2.6 氯霉素标准储备液（1 mg/mL）

精密称取氯霉素标准物质 10 mg，置于 10 mL 容量瓶中，用乙腈溶解并稀释至刻度，摇匀，制成浓度为 1 mg/mL 的氯霉素标准储备液。4 ℃ 避光保存，有效期 6 个月。

6.1.2.7 氯霉素标准中间液 A（10 μg/mL）

精密量取氯霉素标准储备液（1 mg/mL）0.1 mL，置于 10 mL 容量瓶中，用乙腈稀释至刻度，摇匀，制成 10 μg/mL 的氯霉素标准中间液 A。4 ℃ 避光保存，有效期 3 个月。

6.1.2.8 氯霉素标准工作液（0.01 μg/mL）

精密移取氯霉素标准中间液 A（10 μg/mL）0.01 mL 分别置于 10 mL 容量瓶中，用乙腈稀释至刻度，摇匀，制成浓度为 0.01 μg/mL 的氯霉素标准工作液，临用新配。

6.1.2.9 固相萃取小柱（Cleanert Silica）

200 mg/6 mL。免疫胶体金试剂盒（在 2~30 ℃、干燥阴凉条件下保存，在产品有效期内使用）；金标微孔；试纸条或检测卡。

6.1.3 仪器和设备

6.1.3.1 移液器

200 μL、1 mL 和 5 mL。涡旋混合器。

6.1.3.2 离心机

转速≥4 000 r/min。

6.1.3.3 电子天平

感量分别为 0.01 mg 和 0.01 g。

6.1.3.4 样品浓缩仪

如有需要可使用。

6.1.3.5 环境条件

温度：15~25 ℃，相对湿度：≤60%。

6.1.4 分析步骤

6.1.4.1 试样制备

取具有代表性样品约 500 g，充分粉碎混匀，均分成两份，分别装入洁净容器作为试样和留样，密封，标记，于常温保存。

6.1.4.2 试样提取和净化

准确称取试样 6 g（精确至 0.01 g）置于 50 mL 具塞离心管中，依次加入 1 mL 水和 8 mL 乙酸乙酯，涡旋提取 5 min，以 4 000 r/min 离心 5 min。转移全部乙酸乙酯层于 50 mL 具塞离心管中，加入正己烷 25 mL，氯化钠 1 g 涡旋混匀，4 000 r/min 离心 1 min，上清液待净化。5 mL 丙酮-正己烷（1+9）淋洗 LC-Si 硅胶小柱，弃去淋洗液，将待净化溶液转移到固相萃取小柱上，弃去流出液，用 5 mL 丙酮-正己烷（6+4）洗脱，收集洗脱液，洗脱液于 40 ℃ 氮气吹干，精密加入 600 μL 复溶液，涡旋混合 1 min，作为待测液。

6.1.4.3 测定步骤检测卡与金标微孔测定步骤

试纸条与金标微孔测定步骤：吸取 150 μL 样品待测液于反应微孔中，抽吸 5~10 次使混合均匀，室温温育 3 min；温育结束后，将检测试纸条吸水海绵端垂直向下插入反应微孔中，室温温育 3 min，从微孔中取出试纸条，去掉试纸条下端的吸水海绵，并于 5 min 内进行结果判定。

检测卡测定步骤：吸取 150 μL 样品待测液滴加到检测卡上的加样孔中，室温温育 5~8 min，对结果进行判定。

6.1.4.4 质控试验

每批样品应同时进行空白试验和加标质控试验。

空白试验：称取空白试样，步骤与样品同法操作。

加标质控试验：准确称取空白样品 6 g 或适量（精确至 0.01 g）置于 15 mL 具塞离心管中，加入 180 μL 氯霉素标准工作液（0.01 μg/mL），使氯霉素浓度为 0.3 μg/kg，一式 2 份，步骤与样品同法操作。

6.1.5　结果判定要求

通过对比控制线和检测线的颜色深浅进行结果判定。由于长时间放置会引起检测线颜色的变化，需在规定时间内进行结果判定。目视结果判读依据如图 6-1 所示。

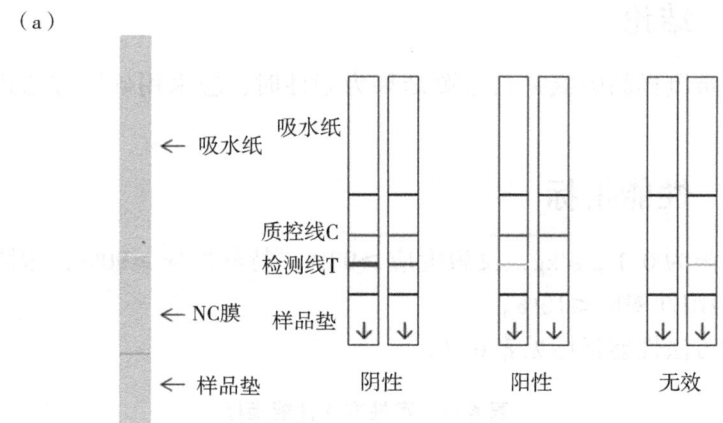

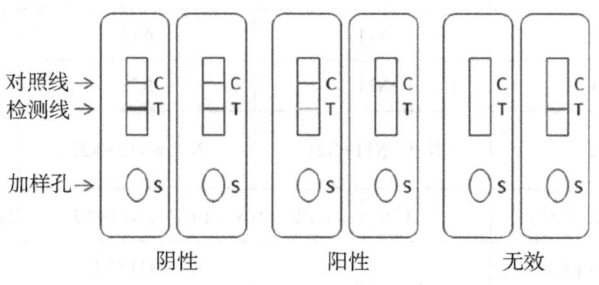

（a）：试纸条；（b）：检测卡。

图 6-1　目视判定示意图

无效：控制线（C线）不显色，表明不正确操作或试纸条/检测卡无效。

阳性结果：检测线（T线）不显色或检测线（T线）颜色比控制线（C线）颜色浅，表明样品中氯霉素含量高于方法检测限，判定为阳性。

阴性结果：检测线（T线）颜色比控制线（C线）颜色深或者检测线（T线）颜色与控制线（C线）颜色相当，表明样品中氯霉素含量低于方法检测限，判定为阴性。

质量控制要求：空白试验测定结果应为阴性，加标质控试验测定结果应为阳性。

6.1.6 结论

如果被测样品中氯霉素检测结果为阳性时，应采用确证方法进行确证检测。

6.1.7 性能指标

检测限为 0.1 μg/kg，灵敏度应≥98%，特异性应≥90%，假阴性率应≤1%，假阳性率应≤10%。

定性方法性能指标见表 6-1。

表 6-1 定性方法性能指标

样品情况[a]	检验结果[b]		总数
	阳性	阴性	
阳性	N11	N12	N1. = N11+N12
阴性	N21	N22	N2. = N21+N22
总数	N.1 = N11+N21	N.2 = N12+N22	N = N1. +N2. 或 N.1+N.2
显著性差异（χ^2）	$\chi^2 = (\mid N12-N21 \mid -1)^2 / (N12+N21)$，自由度（df）= 1		
灵敏度（p+）	p+ = N11/N1.		
特异性（p-）	p- = N22/N2.		
假阴性率（pf-）	pf- = N12/N1. = 1-灵敏度		

(续表)

样品情况[a]	检验结果[b]		总数
	阳性	阴性	
假阳性率（pf+）	pf+=N21/N2.=1-特异性		
相对准确度	(N11+N22) / (N1.+N2.)		

注：N：任何特定单元的结果数，第一个下标指行，第二个下标指列。例如，N11 表示第一行，第一列，N1. 表示所有的第一行，N.2 表示所有的第二列；N12 表示第一行，第二列。

a：由基准方法检验得到的结果。

b：由本方法检验得到的结果。灵敏度的计算使用确认后的结果。

6.2 水产品中硝基呋喃类代谢物快速检测方法

本方法摘自《水产品中硝基呋喃类代谢物的快速检测 胶体金免疫层析法》（KJ 201705）。

本方法规定了水产品中硝基呋喃类代谢物快速检测方法。

本方法适用鱼肉、虾肉、蟹肉等水产品中呋喃唑酮代谢物（AOZ）、呋喃它酮代谢物（AMOZ）、呋喃西林代谢物（SEM）、呋喃妥因代谢物（AHD）的快速测定。

6.2.1 原理

样品中硝基呋喃类代谢物经衍生处理后，其衍生物与胶体金标记的特异性抗体结合，抑制抗体和检测卡/试纸条中检测线（T线）上硝基呋喃类代谢物-BSA 偶联物的免疫反应，从而导致检测线颜色深浅的变化。通过检测线与控制线（C线）颜色深浅比较，对样品中硝基呋喃类代谢物进行定性判定。

6.2.2 试剂和材料

6.2.2.1 试剂

除另有规定外，本方法所用试剂均为分析纯，水为《分析实验室用水规格和试验方法》（GB/T 6682—2008）规定的二级水。

盐酸、三水合磷酸氢二钾、氢氧化钠、甲醇、乙醇、乙腈、邻硝基苯甲醛、三羟甲基氨基甲烷、乙酸乙酯、正己烷。

邻硝基苯甲醛溶液（10 mmol/L）：准确称取 0.150 g 邻硝基苯甲醛，用甲醇溶解并定容至 100 mL。

磷酸氢二钾溶液（0.1 mol/L）：准确称取 22.822 g 三水合磷酸氢二钾，用水溶解并定容至 1 000 mL。

氢氧化钠溶液（1 mol/L）：准确称 39.996 g 氢氧化钠，用水溶解并稀释至 1 000 mL。

盐酸溶液（1 mol/L）：取 10 mL 盐酸加入 110 mL 水中。

三羟甲基氨基甲烷溶液（10 mmol/L）：准确称取 1.211 g 三羟甲基氨基甲烷，溶于 80 mL 水中，加入盐酸（约 42 mL）调 pH 至 8.0 后用水定容至 1 L。

6.2.2.2 参考物质

硝基呋喃类代谢物参考物质的中文名称、英文名称、CAS 登录号、分子式、相对分子量见表 6-2，纯度≥99%。

表 6-2 硝基呋喃类代谢物参考物质的中文名称、英文名称、CAS 登录号、分子式、相对分子量

中文名称	英文名称	CAS 登录号	分子式	相对分子量
3-氨基-2-噁唑烷酮	3-Anmino-2-oxazolidinone, AOZ	80-65-9	$C_3H_6N_2O_2$	102.09
5-甲基吗啉-3-氨基-2-唑烷基酮	5-Morpholine-methyl-3-amino-2-oxazolidinone, AMOZ	43056-63-9	$C_8H_{15}N_3O_3$	201.22
1-氨基-2-乙内酰脲盐酸盐	1-Aminohydantoin-hydrochloride, AHD	2827-56-7	$C_3H_5N_3O_2 \cdot HCl$	151.55
氨基脲盐酸盐	Semicarbazidhy-drochloride, SEM	563-41-7	$NH_2CONHNH_2 \cdot HCl$	111.53

注：或等同可溯源物质。

6.2.2.3 标准溶液的配制

标准储备液：分别准确称取适量参考物质（精确至 0.000 1 g），用乙腈溶解，配制成 100 mg/L 的标准储备液。-20 ℃ 冷冻避光保存，有效期 12 个月。

混合中间标准溶液：准确移取标准储备液各 1 mL 于 100 mL 容量瓶中，

用乙腈定容至刻度，配制成浓度为 1 mg/L 的混合中间标准溶液。4 ℃冷藏避光保存，有效期 3 个月。

混合标准工作溶液：准确移取 0.1 mL 混合中间标准溶液于 10 mL 容量瓶中，用乙腈定容至刻度，配制成浓度为 0.01 mg/L 的混合标准工作溶液。4 ℃冷藏避光保存，有效期 1 个月。

6.2.2.4 材料

AOZ 试剂盒（含胶体金试纸条或检测卡及配套的试剂）。
AMOZ 试剂盒（含胶体金试纸条或检测卡及配套的试剂）。
SEM 试剂盒（含胶体金试纸条或检测卡及配套的试剂）。
AHD 试剂盒（含胶体金试纸条或检测卡及配套的试剂）。
固相萃取柱（强阴离子交换型）：规格 1 mL，填装量为 60 mg。

6.2.3 仪器和设备

电子天平：感量分别为 0.1 g 和 0.000 1 g，均质器、水浴箱、离心机、氮吹仪或空气吹干仪，移液枪：10 μL、100 μL、1 000 μL、5 000 μL，涡旋振荡仪，胶体金读数仪（可选），固相萃取装置（可选），环境条件：温度 15~35 ℃，湿度≤80%。

6.2.4 分析步骤

6.2.4.1 试样制备

按照方法要求，称取一定量具有代表性样品可食部分（注：甲壳类，试样制备时须去除头部），用于后续实验。

6.2.4.2 试样提取和净化

称取适量的匀浆样品（以试剂盒操作说明书要求来定，精确至 0.01 g）于 50 mL 离心管。

（1）方法一（液液萃取法）

称取 2 g±0.05 g 均质组织样品于 50 mL 离心管中，依次加入 4 mL 去离子水、5 mL 1 mol/L 盐酸和 0.2 mL 10 mmol/L 邻硝基苯甲醛溶液，充分振荡 3 min；将上述离心管在 60 ℃ 水浴下孵育 60 min；依次加入 5 mL 0.1 mol/L 磷酸氢二钾溶液，0.4 mL 1 mol/L 氢氧化钠溶液，乙酸乙酯

6 mL，充分混合 3 min，在室温（20~25 ℃）下 4 000 r/min，离心 5 min；移取离心后的上层液体 3 mL 于 5 mL 离心管中，60 ℃下氮气/空气吹干；向吹干的离心管中加入 2 mL 正己烷，振荡 1 min，然后加入 0.5 mL 10 mmol/L 三羟甲基氨基甲烷溶液，充分混匀 30 s，室温下 4 000 r/min，离心 3 min（或静置至明显分层），下层溶液即为待测液。

（2）方法二（固相萃取法）

称取 6 g±0.05 g 均质组织样品于 50 mL 离心管中，依次加入 4 mL 去离子水、5 mL 1 mol/L 盐酸和 0.2 mL 10 mmol/L 邻硝基苯甲醛溶液，充分振荡 3 min；将上述离心管在 60 ℃ 水浴下孵育 60 min；依次加入 5 mL 0.1 mol/L 磷酸氢二钾溶液，0.4 mL 1 mol/L 氢氧化钠溶液，乙酸乙酯 6 mL，充分混合 3 min，在室温（20~25 ℃）下 4 000 r/min，离心 5 min；移取离心后的上层液体 3 mL 于 15 mL 离心管中，加入 10 mL 10%乙酸乙酯-乙醇溶液，上下颠倒混合 4~5 次，4 000 r/min 离心 1 min（底部会有部分沉淀）。连接好固相萃取装置，并在固相萃取柱上方连接 30 mL 注射器针筒，将上述上清液全部倒入 30 mL 针筒中，用手缓慢推压注射器活塞，控制液体流速约 1 滴/s，使注射器中的液体全部流过固相萃取柱，再重复推压注射器活塞 2 次，以尽可能将固相萃取柱中的溶液去除干净。将固相萃取柱下方的接液管更换为洁净的离心管，再向固相萃取柱中加 1 mL 10 mmol/L 三羟甲基氨基甲烷溶液。用手缓慢推压注射器活塞，控制液体流速约 1 滴/s，使固相萃取柱中的液体全部流至离心管中后，离心管中的液体即为待测液。

6.2.5 测定步骤

6.2.5.1 试纸条与金标微孔测定步骤

吸取适量样品待测液于金标微孔中，抽吸 5~10 次混合均匀，室温（20~25 ℃）温育 5 min，将试纸条吸水海绵端垂直向下插入金标微孔中，温育 3~6 min，从微孔中取出试纸条，进行结果判定。

6.2.5.2 检测卡测定步骤

吸取适量样品待测液于检测卡的样品槽中，室温（20~25 ℃）温育 5~10 min，直接进行结果判定。

6.2.6 质控试验

每批样品应同时进行空白试验和加标质控试验。

6.2.6.1 空白试验

称取空白试样,按照上述步骤与样品同法操作。

6.2.6.2 加标质控试验

准确称取空白样品适量(精确至 0.01 g)置于 50 mL 具塞离心管中,加入适量硝基呋喃类代谢物标准工作液,使其浓度为 0.5 μg/kg,按照上述步骤与样品同法操作。

6.2.7 结果判定要求

结果的判断也可使用胶体金读数仪判读,读数仪的具体操作与判读原则请参照读数仪的使用说明书。采用目视法对结果进行判读,目视判定示意图如图 6-2 和图 6-3 所示。

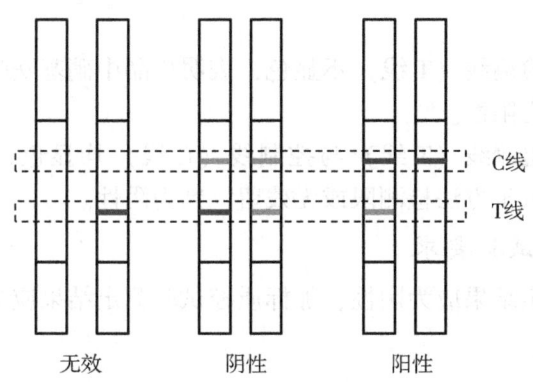

图 6-2 目视判定示意图(比色法)

6.2.7.1 比色法

无效:控制线(C 线)不显色,表明不正确操作或试纸条/检测卡无效。

阳性结果:检测线(T 线)不显色或检测线(T 线)颜色比控制线(C 线)颜色浅,表明样品中硝基呋喃类代谢物高于方法检测限,判为阳性。

阴性结果:检测线(T 线)颜色比控制线(C 线)颜色深或者检测线

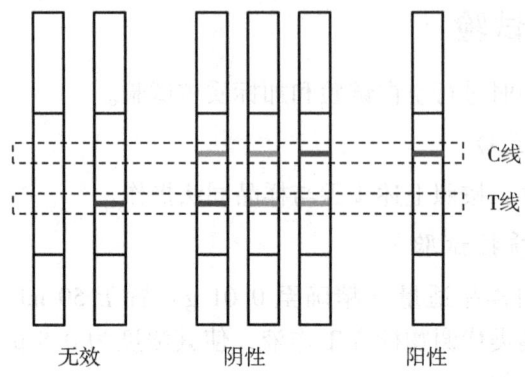

图 6-3 目视判定示意图（消线法）

（T 线）颜色与控制线（C 线）颜色相当，表明样品中硝基呋喃类代谢物低于方法检测限或无残留，判为阴性。

6.2.7.2 消线法

无效：控制线（C 线）不显色，表明不正确操作或试纸条/检测卡无效。

阳性结果：检测线（T 线）不显色，表明样品中硝基呋喃类代谢物高于方法检测限，判为阳性。

阴性结果：检测线（T 线）与控制线（C 线）均显色，表明样品中硝基呋喃类代谢物低于方法检测限或无残留，判为阴性。

6.2.7.3 质控试验要求

空白试验测定结果应为阴性，加标质控试验测定结果应为阳性。

6.2.8 结论

当检测结果为阳性时，应对结果进行确证。

6.2.9 性能指标

6.2.9.1 检测限

AOZ、AMOZ、SEM、AHD 均为 $0.5\mu g/kg$。

6.2.9.2 灵敏度

灵敏度应≥95%。

6.2.9.3 特异性

特异性应≥95%。

6.2.9.4 假阴性率

假阴性率应≤5%。

6.2.9.5 假阳性率

假阳性率应≤5%。

性能指标计算方法见表6-3。

表6-3 性能指标计算方法

样品情况[a]	检测结果[b]		总数
	阳性	阴性	
阳性	N11	N12	N1.=N11+N12
阴性	N21	N22	N2.=N21+N22
总数	N.1=N11+N12	N.2=N21+N22	N=N1.+N2. 或 N.1+N.2
显著性差异(χ^2)	$\chi^2 = (\|N12-N21\|-1)^2 / (N12+N21)$,自由度(df)=1		
灵敏度(p+,%)	p+=N11/N1.		
特异性(p-,%)	p-=N22/N2.		
假阴性率(pf-,%)	pf-=N12/N1.=100-灵敏度		
假阳性率(pf+,%)	pf+=N21/N2.=100-特异性		
相对准确度,%[c]	(N11+N22)/(N1.+N2.)		

注：N：任何特定单元的结果数，第一个下标指行，第二个下标指列。例如，N11表示第一行，第一列，N1.表示所有的第一行，N.2表示所有的第二列；N12表示第一行，第二列。

a：由参比方法检验得到的结果或者样品中实际的公议值结果。

b：由待确认方法检验得到的结果。灵敏度的计算使用确认后的结果。

c：为方法的检测结果相对准确性的结果，与一致性分析和浓度检测趋势情况综合评价。

6.3 水产品中地西泮残留的快速检测方法

本方法摘自《水产品中地西泮残留的快速检测 胶体金免疫层析法》(KJ 202105)。

地西泮为作用时间较长的苯二氮䓬类药，可引起中枢神经系统不同部位的抑制，具有抗焦虑、镇静、催眠、抗惊厥作用，以及骨骼肌松弛等作用。随着用量的加大，临床表现可自轻度的镇静到催眠甚至昏迷。根据《食品安全国家标准 食品中兽药最大残留限量》（GB 31650—2019）的规定，地西泮不得在水产品等动物性食品中检出。

本方法规定了水产品中地西泮胶体金免疫层析快速检测方法。

本方法适用于鱼、虾中地西泮的快速定性测定。

6.3.1 原理

本方法采用竞争抑制免疫层析原理。样品中地西泮经有机试剂提取，固相萃取柱净化，浓缩复溶后，地西泮与胶体金标记的特异性抗体结合，抑制抗体和检测卡中检测线（T线）上抗原的结合，从而导致检测线颜色深浅的变化。通过检测线与控制线（C线）颜色深浅比较，对样品中地西泮进行定性判定。

6.3.2 试剂和材料

6.3.2.1 试剂

除另有规定外，本方法所用试剂均为分析纯，水为《分析实验用水规格和试验方法》（GB/T 6682—2008）规定的二级水。

甲醇（CH_3OH）；乙腈（CH_3CN）；二水合磷酸二氢钠（$NaH_2PO_4 \cdot 2H_2O$）；十二水合磷酸氢二钠（$Na_2HPO_4 \cdot 12H_2O$）；氯化钠（NaCl）；合成硅酸镁吸附剂（MgO_3Si），125～500 μm；石墨化炭黑吸附剂（GCB），38～125 μm。

合成硅酸镁吸附剂和石墨化炭黑吸附剂颗粒较细，谨防吸入。

6.3.2.2 参考物质

地西泮参考物质的中文名称、英文名称、CAS号、分子式、相对分子质量见表6-4，纯度≥99%。

表6-4 地西泮参考物质的中文名称、英文名称、CAS号、分子式、相对分子质量

中文名称	英文名称	CAS号	分子式	相对分子质量
地西泮	Diazepam	439-14-5	$C_{16}H_{13}ClN_2O$	284.74

注：或等同可溯源物质。

6.3.2.3 溶液配制

复溶溶液：磷酸盐缓冲液（10 mmol/L），称取 8.0 g 氯化钠、2.77 g 十二水合磷酸氢二钠、0.352 g 二水合磷酸二氢钠，用水溶解并定容至 1 L。

6.3.2.4 标准溶液配制

地西泮标准储备液（100 μg/mL）：精密称取地西泮参考物质 10 mg，精确至 0.01 mg，置于小烧杯中，用甲醇溶解，定量转移至 100 mL 容量瓶中，再用甲醇定容，摇匀，配制成 100 μg/mL 地西泮标准储备液，4 ℃冷藏避光保存，有效期 6 个月。

地西泮标准中间液（1 μg/mL）：精密量取地西泮标准储备液（100 μg/mL）500 μL 加入 50 mL 容量瓶中，用甲醇定容，摇匀，配制成 1 μg/mL 地西泮标准中间液，4 ℃冷藏避光保存，有效期 6 个月。

地西泮标准工作液（10 ng/mL）：精密量取地西泮标准中间液（1 μg/mL）500 μL 加入 50 mL 容量瓶中，用甲醇定容，摇匀，配制成 10 ng/mL 地西泮标准工作液，临用现配。

标准溶液为外部获取时，管理及使用应符合相关规定。

6.3.2.5 材料

地西泮胶体金免疫层析试剂盒：一般包含金标微、胶体金检测卡，适用于水产品，按产品要求保存。

固相萃取柱：固相萃取柱套筒（12 mL 体积）中塞入筛板，称取 0.8 g 合成硅酸镁吸附剂加入柱内，使填料密实且表面水平，再塞入筛板压实，即完成固相萃取柱制备。若用于检测虾、黄鳝等含色素的样品，则填料为 0.8 g 合成硅酸镁吸附剂、0.1~0.2 g 石墨化炭黑吸附剂，混合均匀加入柱内，使填料密实且表面水平，再塞入筛板压实，制成固相萃取柱。或使用同类商品化固相萃取柱。

6.3.3 仪器和设备

电子天平：感量为 0.01 g 和 0.01 mg。当实验室可获得符合规定的标准溶液时，无须配备感量为 0.01 mg 的天平。

离心机：转速≥4 000 r/min。

移液器：量程为 10 μL、200 μL、1 mL、5 mL。

涡旋仪，氮吹仪，胶体金读数仪（可选）。
孵育器：可控温 20~25 ℃。

6.3.4 环境条件

温度 15~35 ℃，相对湿度 ≤80%。

6.3.5 分析步骤

6.3.5.1 试样制备

水产品取可食用部分，称取约 200 g 具有代表性的样品，充分均质混匀，分别装入洁净容器作为试样和留样，密封，标记。留样置于 -20 ℃保存。

6.3.5.2 试样提取

准确称取试样 2 g（精确至 0.01 g）于 15 mL 离心管中。加入 0.4 mL 水、6 mL 乙腈，涡旋混合 3 min。加入约 0.4 g 氯化钠，涡旋混合 30 s。4 000 r/min 离心 3 min，上清液备用。固相萃取柱使用前加入 3 mL 乙腈，使乙腈流过并弃去以活化固相萃取柱。将离心管中上清液转移至固相萃取柱，过柱并用空气压力将柱内残留液体全部吹出，收集所有样液。样液于 40~50 ℃ 水浴氮气吹干，加入 300 μL 复溶溶液，涡旋混合 30 s，作为待测液。可用洗耳球或其他等效装置产生空气压力。

6.3.5.3 测定步骤

测试前，将未开封的金标微孔和检测卡恢复至室温。吸取 200 μL 待测液置于金标微孔中，反复抽吸 4~5 次，使微孔中试剂充分混匀，于孵育器中 20~25 ℃ 孵育 3 min。吸取 100 μL 混匀液垂直滴于检测卡加样孔中，于孵育器中 20~25 ℃ 反应 5 min，根据示意图判定结果，在 1 min 内进行判读。

6.3.5.4 质控试验

每批样品应同时进行空白试验和加标质控试验。空白试样应经参比方法检测且未检出地西泮。

空白试验：称取同类基质空白试样，按照试样提取和测定步骤与样品同法操作。

加标质控试验：准确称取同类基质空白试样 2 g（精确至 0.01 g）置于

15 mL 离心管中，加入 100 μL 地西泮标准工作液（10 ng/mL），使试样中地西泮含量为 0.5 μg/kg，按照试样提取和测定步骤与样品同法操作。

6.3.6 结果判定要求

采用目视法对结果进行判读，目视判定示意图如图 6-4 和图 6-5 所示。

注：也可使用胶体金读数仪判读，读数仪的具体操作与判读原则参照读数仪的使用说明书。

6.3.6.1 比色法

无效：控制线（C 线）不显色，表明不正确操作或检测卡无效。

阳性结果：检测线（T 线）不显色或检测线（T 线）颜色比控制线（C 线）颜色浅，表明样品中地西泮含量高于方法检测限，判为阳性。

阴性结果：检测线（T 线）颜色比控制线（C 线）颜色深或者检测线（T 线）颜色与控制线（C 线）颜色相当，表明样品中地西泮含量低于方法检测限，判为阴性。

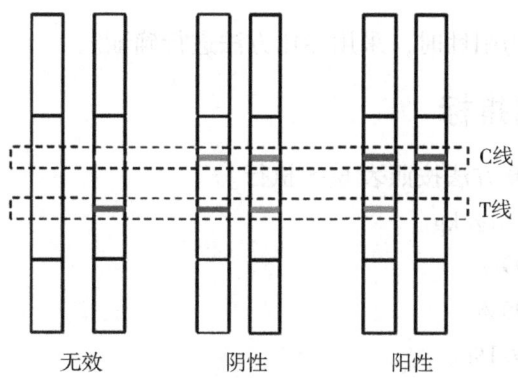

图 6-4 目视判定示意图（比色法）

6.3.6.2 消线法

无效：控制线（C 线）不显色，表明不正确操作或检测卡无效。

阳性结果：控制线（C 线）显色，检测线（T 线）不显色，表明样品中地西泮含量高于方法检测限，判为阳性。

阴性结果：检测线（T 线）与控制线（C 线）均显色，表明样品中地西泮含量低于方法检测限，判为阴性。

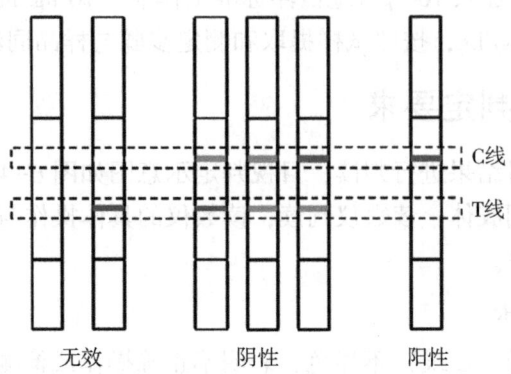

图 6-5　目视判定示意图（消线法）

6.3.6.3　质控试验要求

空白试验测定结果应为阴性，加标质控试验测定结果应为阳性。

6.3.7　结论

当检测结果为阳性时，采用参比方法进行确证。

6.3.8　性能指标

性能指标计算方法按照表 6-5 执行。

检出限：0.5 μg/kg。

灵敏度：≥99%。

特异性：≥95%。

假阴性率：≤1%。

假阳性率：≤5%。

表 6-5　性能指标计算方法

样品情况[a]	检验结果[b]		总数
	阳性	阴性	
阳性	N11	N12	N1. = N11+N12
阴性	N21	N22	N2. = N21+N22
总数	N.1 = N11+N21	N.2 = N12+N22	N = N1.+N2. 或 N.1+N.2

（续表）

样品情况[a]	检验结果[b]		总数
	阳性	阴性	
显著性差异（χ^2）	$\chi^2 = (|N12-N21|-1)^2 / (N12+N21)$，自由度（df）= 1		
灵敏度（p+）/%	$p+ = N11/N1. \times 100$		
特异性（p-）/%	$p- = N22/N2. \times 100$		
假阴性率（pf-）/%	$pf- = N12/N1. \times 100 = 100 -$ 灵敏度		
假阳性率（pf+）/%	$pf+ = N21/N2. \times 100 = 100 -$ 特异性		
相对准确度/%[c]	$(N11+N22) / (N1. +N2.) \times 100$		

注：N：任何特定单元的结果数，第一个下标指行，第二个下标指列。例如，N11 表示第一行，第一列，N1. 表示所有的第一行，N.2 表示所有的第二列；N12 表示第一行，第二列。

a：由参比方法检验得到的结果或者样品中实际的公议值结果。

b：由待确认方法检验得到的结果。灵敏度的计算使用确认后的结果。

c：为本方法的检验结果相对准确性的结果，与一致性分析和浓度检测趋势情况综合评价。

6.4 水产品中孔雀石绿的快速检测胶体金免疫层析法

本方法摘自《水产品中孔雀石绿的快速检测 胶体金免疫层析法》（KJ 201701）。

本方法规定了水产品及其养殖用水中孔雀石绿和隐色孔雀石绿总量的胶体金免疫层析快速检测方法。本方法适用于鱼肉及养殖用水中孔雀石绿和隐色孔雀石绿总量的快速测定。

6.4.1 原理

样品中孔雀石绿、隐色孔雀石绿经有机试剂提取，吸附剂净化，正己烷除脂后，加入氧化剂将隐色孔雀石绿氧化成为孔雀石绿，经浓缩复溶后，孔雀石绿与胶体金标记的特异性抗体结合，抑制抗体和检测卡中检测线（T线）上抗原的结合，从而导致检测线颜色深浅的变化。通过检测线与控制线（C线）颜色深浅比较，对样品中孔雀石绿和隐色孔雀石绿总量进行定性判定。

6.4.2 试剂和材料

6.4.2.1 试剂

除另有规定外，本方法所用试剂均为分析纯，水为《分析实验用水规格和试验方法》（GB/T 6682—2008）规定的二级水。

正己烷；乙腈；冰乙酸；盐酸；吐温-20；氯化钠；对-甲苯磺酸；无水乙酸钠；盐酸羟胺；无水硫酸钠；中性氧化铝：层析用，100~200目；二氯二氰基苯醌；氯化钾；磷酸二氢钾；十二水合磷酸氢二钠。

饱和氯化钠溶液：称取氯化钠200 g，加水500 mL，超声使其充分溶解。盐酸羟胺溶液（0.25 g/mL）：称取2.5 g盐酸羟胺，用水溶解并稀释至10 mL，混匀。

乙酸盐缓冲液：称取4.95 g无水乙酸钠及0.95 g对-甲苯磺酸溶解于950 mL水中，用冰乙酸调节溶液pH值为4.5，用水稀释至1 L，混匀。

二氯二氰基苯醌溶液（0.001 mol/L）：称取0.022 7 g二氯二氰基苯醌置于100 mL棕色容量瓶中，用乙腈溶解并稀释至刻度，混匀。4 ℃避光保存。

复溶液：称取8.00 g氯化钠，0.20 g氯化钾，0.27 g磷酸二氢钾及2.87 g十二水合磷酸氢二钠溶解于900 mL水中，加入0.5 mL吐温-20，混匀，用盐酸调节pH值为7.4，用水稀释至1 L，混匀。

6.4.2.2 参考物质

孔雀石绿、隐色孔雀石绿参考物质的中文名称、英文名称、CAS登录号、分子式、相对分子质量见表6-6，纯度均≥90%。

表6-6 孔雀石绿、隐色孔雀石绿参考物质中文名称、英文名称、CAS登录号、分子式、相对分子质量

序号	中文名称	英文名称	CAS登录号	分子式	相对分子质量
1	孔雀石绿	MalachiteGreen	569-64-2	$C_{23}H_{25}ClN_2$	364.91
2	隐色孔雀石绿	LeucomalachiteGreen	129-73-7	$C_{23}H_{26}N_2$	330.47

6.4.2.3 标准溶液配制

孔雀石绿、隐色孔雀石绿标准储备液（1 mg/mL）：精密称取适量孔雀

石绿、隐色孔雀石绿参考物质，分别置于 10 mL 容量瓶中，用乙腈溶解并稀释至刻度，摇匀，分别制成浓度为 1 mg/mL 的孔雀石绿和隐色孔雀石绿标准储备液。−20 ℃ 避光保存，有效期 1 个月。

孔雀石绿标准中间液 A（1 μg/mL）：精密量取孔雀石绿标准储备液（1 mg/mL）0.1 mL，置于 100 mL 容量瓶中，用乙腈稀释至刻度，摇匀，制成浓度为 1 μg/mL 的孔雀石绿标准中间液 A。临用新制。

孔雀石绿标准中间液 B（100 ng/mL）：精密量取孔雀石绿标准中间液 A（1 μg/mL）1 mL，置于 10 mL 容量瓶中，用乙腈稀释至刻度，摇匀，制成浓度为 100 ng/mL 的孔雀石绿标准中间液 B。临用新制。

隐色孔雀石绿标准中间液 A（1 μg/mL）：精密量取隐色孔雀石绿标准储备液（1 mg/mL）0.1 mL，置于 100 mL 容量瓶中，用乙腈稀释至刻度，摇匀，制成浓度为 1 μg/mL 的隐色孔雀石绿标准中间液 A。临用新制。

隐色孔雀石绿标准中间液 B（100 ng/mL）：精密量取隐色孔雀石绿标准中间液 A（1 μg/mL）1 mL，置于 10 mL 容量瓶中，用乙腈稀释至刻度，摇匀，制成浓度为 100 ng/mL 的隐色孔雀石绿标准中间液 B。临用新制。

6.4.2.4 材料

免疫胶体金试剂盒，适用基质为水产品或水；金标微孔；试纸条或检测卡。

6.4.3 仪器

移液器：200 μL、1 mL 和 10 mL；涡旋混合器；离心机:转速≥4 000 r/min；电子天平：感量为 0.01 g；氮吹浓缩仪；环境条件：温度 15～35 ℃，湿度 ≤80%。

6.4.4 分析步骤

6.4.4.1 试样制备

取适量有代表性样品的可食部分或养殖用水，固体样品充分粉碎混匀，液体样品需充分混匀。

6.4.4.2 试样的提取与净化

水产品：准确称取试样 2 g（精确至 0.01 g）置于 15 mL 具塞离心管中，用红色油性笔标记，依次加入 1 mL 饱和氯化钠溶液，0.2 mL 盐酸羟胺溶液，2 mL 乙酸盐缓冲液及 6 mL 乙腈，涡旋提取 2 min。加入 1 g 无水硫酸钠，1 g 中性氧化铝，涡旋混合 1 min，以 4 600 r/min 离心 5 min。准确移取 5 mL 上清液于 15 mL 离心管中，加入 1 mL 正己烷，充分混匀，以 4 600 r/min 离心 1 min。准确移取 4 mL 下层液于 15 mL 离心管中，加入 100 μL 二氯二氰基苯醌溶液，涡旋混匀，反应 1 min，于 55 ℃ 水浴中氮气吹干。精密加入 200 μL 复溶液，涡旋混合 1 min，作为待测液。

养殖用水：量取试样 2 mL 置于离心管中，以 4 600 r/min 离心 5 min，移取 200 μL 上清液作为待测液。

6.4.4.3 测定步骤

试纸条与金标微孔测定步骤：吸取全部样品待测液于金标微孔中，抽吸 5~10 次使混合均匀，室温温育 3~5 min，将试纸条吸水海绵端垂直向下插入金标微孔中，温育 5~8 min，从微孔中取出试纸条，进行结果判定。

检测卡与金标微孔测定步骤：吸取全部样品待测液于金标微孔中，抽吸 5~10 次使混合均匀，室温温育 3~5 min，将金标微孔中全部溶液滴加到检测卡上的加样孔中，温育 5~8 min，进行结果判定。

6.4.4.4 质控试验

每批样品应同时进行空白试验和加标质控试验。

（1）空白实验

除不称取样品外，均按上述测定条件和步骤进行。

（2）加标质控试验

①水产品。准确称取空白试样 2 g 或适量（精确至 0.01 g）置于 15 mL 具塞离心管中，加入 100 μL 或适量孔雀石绿标准中间液 B（100 ng/mL），使孔雀石绿浓度为 2 μg/kg，按照操作方法步骤同法操作。

准确称取空白试样 2 g 或适量（精确至 0.01 g）置于 15 mL 具塞离心管中，加入 100 μL 或适量隐色孔雀石绿标准中间液 B（100 ng/mL），使隐色孔雀石绿浓度为 2 μg/kg，按照操作方法步骤同法操作。

②养殖用水。准确量取空白试样 2 mL（精确至 0.01g）置于 15 mL 具塞离心管中，加入 100 μL 孔雀石绿标准中间液 B（100 ng/mL），使孔雀石绿浓度为 2 μg/L，按照操作方法步骤同法操作。

6.4.5 结果判定要求

通过对比控制线（C 线）和检测线（T 线）的颜色深浅进行结果判定。目视判定示意图见图 6-6。

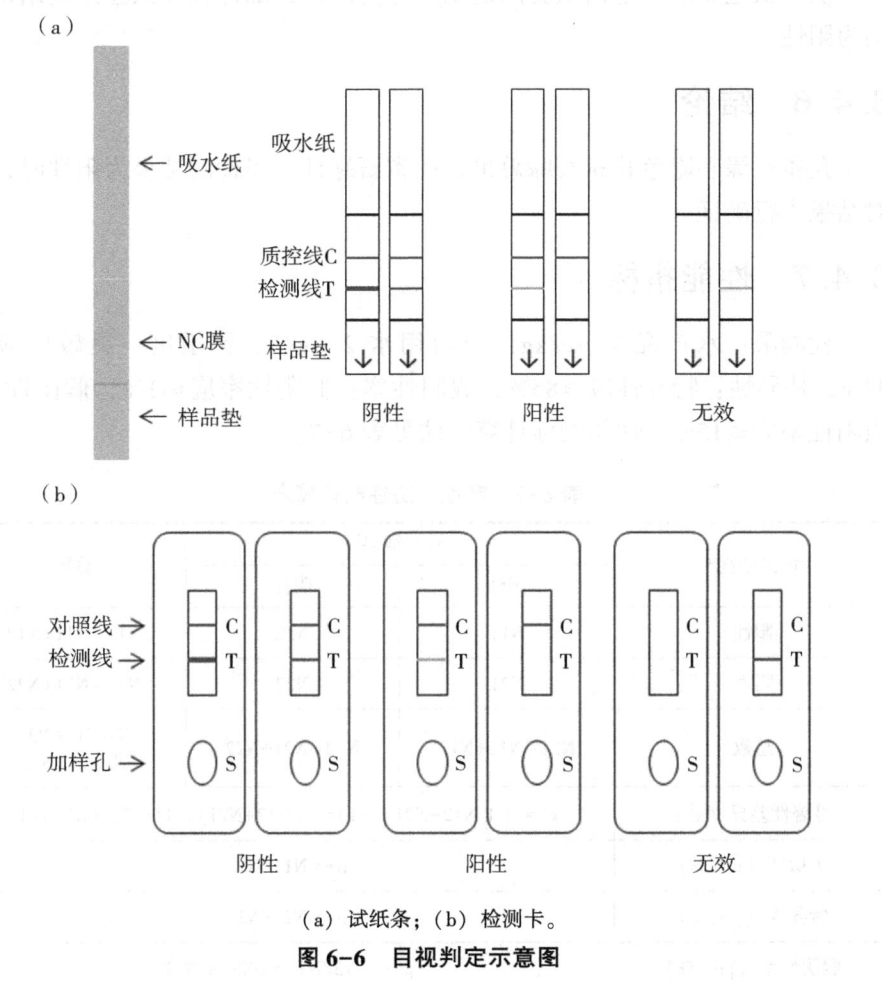

(a) 试纸条；(b) 检测卡。

图 6-6 目视判定示意图

无效：控制线（C 线）不显色，表明不正确操作或试纸条/检测卡无效。

阳性结果：检测线（T线）不显色或检测线（T线）颜色比控制线（C线）颜色浅，表明样品中孔雀石绿和隐色孔雀石绿总量高于方法检测限，判定为阳性。

阴性结果：检测线（T线）颜色比控制线（C线）颜色深或者检测线（T线）颜色与控制线（C线）颜色相当，表明样品中孔雀石绿和隐色孔雀石绿总量低于方法检测限，判定为阴性。

质控试验要求：空白试验测定结果应为阴性，加标质控试验测定结果应均为阳性。

6.4.6 结论

孔雀石绿和隐色孔雀石绿总量以孔雀石绿计，当检测结果为阳性时，应对结果进行确证。

6.4.7 性能指标

检测限：水产品 2 μg/kg，养殖用水 2 μg/L。灵敏度：灵敏度应≥99%，特异性：特异性应≥85%，假阴性率：假阴性率应≤1%，假阳性率：假阳性率应≤15%，性能指标计算方法见表6-7。

表6-7 定性方法性能计算表

样品情况[a]	检测结果[b]		总数
	阳性	阴性	
阳性	N11	N12	N1. = N11+N12
阴性	N21	N22	N2. = N21+N22
总数	N.1 = N11+N12	N.2 = N21+N22	N = N1.+N2. 或 N.1+N.2
显著性差异（x^2）	$x^2 = (|N12-N21|-1)^2 / (N12+N21)$，自由度（df）= 1		
灵敏度（p+,%）	p+ = N11/N1.		
特异性（p-,%）	p- = N22/N2.		
假阴性率（pf-,%）	pf- = N12/N1. = 100-灵敏度		

(续表)

样品情况[a]	检测结果[b]		总数
	阳性	阴性	
假阳性率（pf+,%）	pf+=N21/N2. =100-特异性		
相对准确度,%[c]	（N11+N22）/（N1.+N2.）		

注：N：任何特定单元的结果数，第一个下标指行，第二个下标指列。例如，N11表示第一行，第一列，N1.表示所有的第一行，N.2表示所有的第二列；N12表示第一行，第二列。

a：由参比方法检验得到的结果或者样品中实际的公议值结果。

b：由待确认方法检验得到的结果。灵敏度的计算使用确认后的结果。

c：为方法的检测结果相对准确性的结果，与一致性分析和浓度检测趋势情况综合评价。

6.5 水产品中恩诺沙星、诺氟沙星和环丙沙星残留的快速筛选测定 胶体金免疫渗滤法

本方法摘自《水产品中恩诺沙星、诺氟沙星和环丙沙星残留的快速筛选测定 胶体金免疫渗滤法》（农业部1077号公告—7-2008）。

本方法规定了水产品中恩诺沙星、诺氟沙星和环丙沙星残留的胶体金免疫渗滤快速筛选检测方法。本方法适用于水产品中恩诺沙星、诺氟沙星和环丙沙星三种喹诺酮类残留的快速筛选检测。

6.5.1 原理

以磷酸盐缓冲液（或者水）/甲醇混合溶液提取样品中的喹诺酮类残留，利用胶体金免疫渗滤试剂盒进行快速筛选检测。当待测物的浓度高于检测限时，试剂盒的反应板表面会显现红色斑点，由此定性检测样品中恩诺沙星等三种喹诺酮类残留。

6.5.2 试剂

所有试剂除另有规定外，均为分析纯。

水：符合《分析实验用水规格和试验方法》（GB/T 6682—2008）一级水要求。

甲醇：色谱纯。

盐酸：取 8.3 mL 浓盐酸，以水稀释至 1 000 mL。

磷酸盐缓冲液（0.01 mol/L，pH 值 7.4）：称取氯化钠 8.0 g，氯化钾 0.2 g，十二水合磷酸氢二钠 2.9 g，磷酸二氢钾 2.0 g，加水溶解混匀，定容至 1 000 mL，用盐酸（4.3）调节 pH 值至 7.4±0.1。

鱼类样品的提取溶剂：取 50 mL 磷酸盐缓冲液（7.4）与 50 mL 甲醇混匀，现用现配。

其他水产品样品的提取溶剂：取 50 mL 水与 50 mL 甲醇混匀，现用现配。

洗涤液：取 100 μL 吐温-20 与 100 mL 磷酸盐缓冲液（7.4）混匀。

胶体金免疫渗滤试剂盒：包含渗滤反应板、胶体金标记喹诺酮抗体等。

6.5.3 仪器

分析天平：感量 0.001 g；旋涡混合器；高速冷冻离心机：最大转速 12 000 r/min；高速匀浆机；均质器；旋转蒸发器；具塞离心管：50 mL；鸡心瓶：50 mL；容量瓶：5 mL，1 000 mL；移液枪：10 μL，50 μL，5 000 μL。

6.5.4 测定步骤

6.5.4.1 试样制备

按照《水产品抽样方法》（SC/T 3016—2004）的规定执行。

6.5.4.2 提取

称取样品（5±0.01）g 于 50 mL 具塞离心管中，加入 5 mL 样品提取剂，均质 2 min 后，2 000 r/min 4 ℃ 离心 10 min，上清液倒入另一 50 mL 具塞离心管中。残渣中加入 5 mL 样品提取液，按上述方法再提取一次，上清液合并于 50 mL 离心管中。盛装上清液的离心管 10 000 r/min 离心 10 min，将上清液转移至鸡心瓶，于 45 ℃ 水浴减压旋转蒸发至原体积的 1/3，剩余液转移至 5 mL 离心管中，2 000 r/min 4 ℃ 离心 5 min，上清液转移至 5 mL 容量瓶中，用磷酸盐缓冲液定容至 5 mL，用孔径为 0.22 μm 的针头滤器过滤备用。

6.5.4.3 测定

取 5 μL 试样提取液滴加到试剂盒小孔中央，室温下放置反应 15 min。

滴加 5 μL 胶体金标记抗体，待其渗入后反应 5 min。加入 30 μL 洗涤液进行洗涤，共洗涤 3 次，然后在 10 min 内观察结果。

空白对照：以磷酸盐缓冲液代替试样提取液作为空白对照组，按照 6.5.4.1~6.5.4.3 进行同步测定，膜片表面应不呈现红色或者其他任何色泽，否则应更换试剂盒重新进行测定。

6.5.5 结果判断

肉眼观察样品检测结果，并与空白组的显色结果对比，当硝酸纤维素膜片表面出现红色斑点时，判定存在以下三种结果中的任何一种，或者其中两种以上结果同时存在：恩诺沙星残留量≥10 μg/kg；环丙沙星残留量≥10 μg/kg；诺氟沙星残留量≥20 pg/kg。

6.5.6 灵敏度

本方法的最低检出限：恩诺沙星和环丙沙星均为 10 μg/kg；诺氟沙星为 20 μg/kg。

6.6 动物源性食品中四环素类药物的快速检测方法

本方法摘自《动物源性食品中四环素类药物快速检测 胶体金免疫层析法》（KJ 202303）。

本方法规定了动物源性食品中四环素类药物的胶体金免疫层析快速检测方法。

本方法适用于生乳、灭菌乳、巴氏杀菌乳、乳粉、猪肉、牛肉、鸡肉、鱼肉中四环素、金霉素、土霉素、多西环素的快速定性测定。

6.6.1 原理

本方法采用竞争免疫层析原理。样品中四环素类药物经提取后，与胶体金标记的特异性抗体结合，抑制抗体与试纸条中检测线（T 线）上抗原的结合，从而导致试纸条上检测线颜色深浅的变化，通过检测线与控制线（C 线）颜色深浅比较，对样品中四环素类药物残留量进行定性判定。

6.6.2 试剂和材料

6.6.2.1 试剂

除另有规定外,本方法所用试剂均为分析纯,实验用水为《分析实验室用水规格和试验方法》(GB/T 6682—2008)规定的二级水;乙腈(CH_3CN);磷酸氢二钠(Na_2HPO_4,优级纯)。一水合柠檬酸($C_6H_8O_7 \cdot H_2O$);氢氧化钠(NaOH);盐酸(HCl,37%);乙二胺四乙酸二钠($Na_2EDTA \cdot 2H_2O$);十二水合磷酸氢二钠($Na_2HPO_4 \cdot 12H_2O$);二水合磷酸二氢钠($NaH_2PO_4 \cdot 2H_2O$);氯化钠(NaCl)。

6.6.2.2 试剂配制

乙腈溶液:分别量取 180 mL 乙腈和 20 mL 水,混合均匀。

磷酸氢二钠溶液(0.2 mol/L):称取 28.41 g 磷酸氢二钠于 500 mL 烧杯中,加入 200 mL 水,充分搅拌至溶解,加水定容至 1 L。

柠檬酸溶液(0.1 mol/L):称取 21.01 g 一水合柠檬酸于 500 mL 烧杯中,加入 200 mL 水,充分搅拌至溶解,加水定容至 1 L。

氢氧化钠溶液(1 mol/L):称取 4.00 g 氢氧化钠于 50 mL 烧杯中,加入 20 mL 水,充分搅拌至溶解,待冷却至室温,加水定容至 100 mL。

样品提取液:分别量取 625 mL 磷酸氢二钠溶液(0.2 mol/L)和 1 000 mL 柠檬酸溶液 0.1 mol/L 混合均匀,加入适量盐酸或氢氧化钠溶液(1 mol/L),将 pH 值调节至 4.0,再加入 60.50 g 乙二胺四乙酸二钠充分搅拌至溶解。或使用胶体金免疫层析检测试剂盒配套提取液。

乳品样本稀释液:分别称取 5.80 g 十二水合磷酸氢二钠,0.60 g 二水合磷酸二氢钠,8.77 g 氯化钠于 500 mL 烧杯中,加入 200 mL 水,充分搅拌至溶解,加入适量氢氧化钠溶液(1 mol/L),将 pH 值调节至 8.0,加水定容至 1 L。或使用胶体金免疫层析检测试剂盒配套稀释液。

组织样本稀释液:分别称取 29.01 g 十二水合磷酸氢二钠,2.96 g 二水合磷酸二氢钠,5.84 g 氯化钠于 500 mL 烧杯中,加入 200 mL 水,充分搅拌至溶解,加入适量氢氧化钠溶液(1 mol/L),将 pH 值调节至 8.0,加水定容至 1 L,或使用胶体金免疫层析检测试剂盒配套稀释液。

6.6.2.3 标准物质

四环素类药物标准物质的中文名称、英文名称、CAS 号、分子式、相对分子质量见表 6-8，纯度≥95%。

表 6-8 四环素类药物标准物质信息

中文名称	英文名称	CAS 号	分子式	相对分子质量
四环素	Tetracycline	60-54-8	$C_{22}H_{24}N_2O_8$	444.44
金霉素	Chlortetracycline	57-62-5	$C_{22}H_{23}ClN_2O_8$	478.88
土霉素	Oxytetracycline	79-57-2	$C_{22}H_{24}N_2O_9$	460.43
多西环素	Doxycycline	564-25-0	$C_{22}H_{24}N_2O_8$	444.44

6.6.2.4 标准溶液配制

四环素类药物标准储备液（100 μg/mL）：分别准确称取适量四环素类药物标准物质于烧杯中溶解后转移至 100 mL 容量瓶中，用乙腈溶液溶解并稀释至刻度，摇匀，配制成 100 μg/mL 的四环素类药物标准储备液，此溶液密封后避光-20 ℃保存，有效期 6 个月。

四环素类药物标准工作液 A（1 μg/mL）：分别准确移取四环素类药物标准储备溶液（100 μg/mL）1 mL 于 100 mL 容量瓶中，用乙腈溶液稀释至刻度，摇匀，配制成 1 μg/mL 的四环素类药物标准工作液 A。此溶液密封后避光 2~8 ℃保存，有效期 7 d。

四环素类药物标准工作液 B（0.21 μg/mL）：分别准确移取四环素类药物标准工作液 A（1 μg/mL）21 mL 于 100 mL 容量瓶中，用乙腈溶液稀释至刻度，摇匀，配制成 0.1 μg/mL 的四环素类药物标准工作液 B。临用现配。

6.6.2.5 材料

四环素类药物胶体金免疫层析试剂盒：金标微孔（含胶体金标记的特异性抗体）、试纸条区配套试剂。

6.6.3 仪器和设备

电子天平：感量为 0.01 g；离心机：转速≥4 000 r/min；微量移液器：100 uL、200 uL、1 mL 和 5 mL；均质器；孵育器：可控温 20~25 ℃；涡旋

混合器；胶体金读数仪（可选）。

6.6.4 分析步骤

6.6.4.1 试样制备

猪肉、牛肉、鸡肉、鱼肉：取约 100 g 具有代表性的样品（去皮去脂肪），用均质器制成糜状，分别装入洁净容器作为试样和留样，密封，标记，置于-20 ℃条件下避光保存。

6.6.4.2 试样提取

准确称取 1 g±0.05 g 试样于 10 mL 离心管中，加入 3 mL 样品提取液，振荡提取 2 min，4 000 r/min 离心 5 min，取 200 μL 上清液，按照样品种类加入不同体积（鱼肉：400 μL）的组织样本稀释液，涡旋混匀 10 s，为待测液。

6.6.5 测定步骤

吸取 150 μL 上述待测液于金标微孔中、抽吸至孔底的紫红色颗粒完全溶解、于孵育器中 20~25 ℃孵育 3 min，将试纸条下端插入金标微孔溶液底部，于孵育器中 20~25 ℃反应 5 min，拔出试纸条，刮掉下端样品垫，判读结果。

6.6.6 质控试验

空白试验：称取空白试样，按照上述步骤与样品同法操作。

加标质控试验：猪肉、牛肉、鸡肉、鱼肉：准确称取 1 g±0.05 g 试样于 10 mL 离心管中，加入 100 μL 的四环素类药物标准工作液 A（1 μg/mL），使试样中四环素类药物含量为 100 μg/kg。按照上述步骤与样品同法操作。

6.6.7 结果判定要求

6.6.7.1 通则

采用目视法对结果进行判读，目视判定示意图如图 6-7 所示，结果有以下几种。

无效：控制线（C 线）不显色，表明操作不正确或试纸条已失效，检

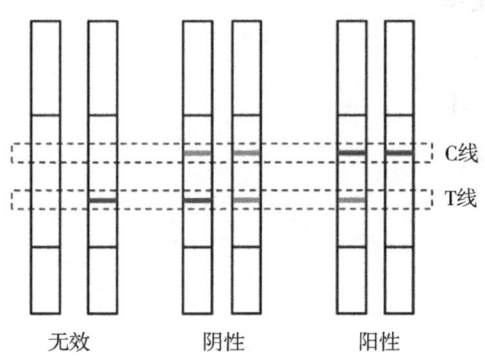

图 6-7 目视判定示意图

测结果无效。

阳性结果：控制线（C 线）显色，检测线（T 线）不显色或比控制线（C 线）颜色浅，表明样品中四环素含量高于方法检出限，判为阳性。

阴性结果：控制线（C 线）显色，检测线（T 线）颜色比控制线（C 线）颜色深或者与控制线（C 线）颜色相当，表明样品中四环素类含量低于方法检出限，判为阴性。

6.6.7.2 质控试验要求

空白试验测定结果应为阴性，加标质控试验测定结果应为阳性。

6.6.8 结论

当检测结果为阳性时，应以参比方法对结果进行确证。

6.6.9 性能指标

6.6.9.1 检出限

猪肉、牛肉、鸡肉、鱼肉中四环素、金霉素、土霉素、多西环素 100 μg/kg。

6.6.9.2 灵敏度

灵敏度≥99%。

6.6.9.3 特异性

特异性≥95%。甲烯土霉素、地美环素交叉反应率分别为 200%、10%。

6.6.9.4 假阴性率

假阴性率≤1%。

6.6.9.5 假阳性率

假阳性率≤5%。

第7章 相关法律

中华人民共和国渔业法

（1986年1月20日第六届全国人民代表大会常务委员会第十四次会议通过　根据2000年10月31日第九届全国人民代表大会常务委员会第十八次会议《关于修改〈中华人民共和国渔业法〉的决定》第一次修正　根据2004年8月28日第十届全国人民代表大会常务委员会第十一次会议《关于修改〈中华人民共和国渔业法〉的决定》第二次修正　根据2009年8月27日第十一届全国人民代表大会常务委员会第十次会议《关于修改部分法律的决定》第三次修正　根据2013年12月28日第十二届全国人民代表大会常务委员会第六次会议《关于修改〈中华人民共和国海洋环境保护法〉等七部法律的决定》第四次修正）

目　　录

第一章　总则
第二章　养殖业
第三章　捕捞业
第四章　渔业资源的增殖和保护
第五章　法律责任
第六章　附则

第一章　总则

第一条　为了加强渔业资源的保护、增殖、开发和合理利用，发展人工养殖,保障渔业生产者的合法权益,促进渔业生产的发展,适应社会主义建设和人民生活的需要,特制定本法。

第二条 在中华人民共和国的内水、滩涂、领海、专属经济区以及中华人民共和国管辖的一切其他海域从事养殖和捕捞水生动物、水生植物等渔业生产活动,都必须遵守本法。

第三条 国家对渔业生产实行以养殖为主,养殖、捕捞、加工并举,因地制宜,各有侧重的方针。

各级人民政府应当把渔业生产纳入国民经济发展计划,采取措施,加强水域的统一规划和综合利用。

第四条 国家鼓励渔业科学技术研究,推广先进技术,提高渔业科学技术水平。

第五条 在增殖和保护渔业资源、发展渔业生产、进行渔业科学技术研究等方面成绩显著的单位和个人,由各级人民政府给予精神的或者物质的奖励。

第六条 国务院渔业行政主管部门主管全国的渔业工作。县级以上地方人民政府渔业行政主管部门主管本行政区域内的渔业工作。县级以上人民政府渔业行政主管部门可以在重要渔业水域、渔港设渔政监督管理机构。

县级以上人民政府渔业行政主管部门及其所属的渔政监督管理机构可以设渔政检查人员。渔政检查人员执行渔业行政主管部门及其所属的渔政监督管理机构交付的任务。

第七条 国家对渔业的监督管理,实行统一领导、分级管理。

海洋渔业,除国务院划定由国务院渔业行政主管部门及其所属的渔政监督管理机构监督管理的海域和特定渔业资源渔场外,由毗邻海域的省、自治区、直辖市人民政府渔业行政主管部门监督管理。

江河、湖泊等水域的渔业,按照行政区划由有关县级以上人民政府渔业行政主管部门监督管理;跨行政区域的,由有关县级以上地方人民政府协商制定管理办法,或者由上一级人民政府渔业行政主管部门及其所属的渔政监督管理机构监督管理。

第八条 外国人、外国渔业船舶进入中华人民共和国管辖水域,从事渔业生产或者渔业资源调查活动,必须经国务院有关主管部门批准,并遵守本法和中华人民共和国其他有关法律、法规的规定;同中华人民共和国订有条约、协定的，按照条约、协定办理。

国家渔政渔港监督管理机构对外行使渔政渔港监督管理权。

第九条 渔业行政主管部门和其所属的渔政监督管理机构及其工作人员不得参与和从事渔业生产经营活动。

第二章 养殖业

第十条 国家鼓励全民所有制单位、集体所有制单位和个人充分利用适于养殖的水域、滩涂，发展养殖业。

第十一条 国家对水域利用进行统一规划，确定可以用于养殖业的水域和滩涂。单位和个人使用国家规划确定用于养殖业的全民所有的水域、滩涂的，使用者应当向县级以上地方人民政府渔业行政主管部门提出申请，由本级人民政府核发养殖证，许可其使用该水域、滩涂从事养殖生产。核发养殖证的具体办法由国务院规定。

集体所有的或者全民所有由农业集体经济组织使用的水域、滩涂，可以由个人或者集体承包，从事养殖生产。

第十二条 县级以上地方人民政府在核发养殖证时，应当优先安排当地的渔业生产者。

第十三条 当事人因使用国家规划确定用于养殖业的水域、滩涂从事养殖生产发生争议的，按照有关法律规定的程序处理。在争议解决以前，任何一方不得破坏养殖生产。

第十四条 国家建设征用集体所有的水域、滩涂，按照《中华人民共和国土地管理法》有关征地的规定办理。

第十五条 县级以上地方人民政府应当采取措施，加强对商品鱼生产基地和城市郊区重要养殖水域的保护。

第十六条 国家鼓励和支持水产优良品种的选育、培育和推广。水产新品种必须经全国水产原种和良种审定委员会审定，由国务院渔业行政主管部门公告后推广。

水产苗种的进口、出口由国务院渔业行政主管部门或者省、自治区、直辖市人民政府渔业行政主管部门审批。

水产苗种的生产由县级以上地方人民政府渔业行政主管部门审批。但是，渔业生产者自育、自用水产苗种的除外。

第十七条 水产苗种的进口、出口必须实施检疫，防止病害传入境内和传出境外，具体检疫工作按照有关动植物进出境检疫法律、行政法规的规定执行。

引进转基因水产苗种必须进行安全性评价，具体管理工作按照国务院有关规定执行。

第十八条 县级以上人民政府渔业行政主管部门应当加强对养殖生产的技术指导和病害防治工作。

第十九条 从事养殖生产不得使用含有毒有害物质的饵料、饲料。

第二十条 从事养殖生产应当保护水域生态环境，科学确定养殖密度，合理投饵、施肥、使用药物，不得造成水域的环境污染。

第三章　捕捞业

第二十一条 国家在财政、信贷和税收等方面采取措施，鼓励、扶持远洋捕捞业的发展，并根据渔业资源的可捕捞量，安排内水和近海捕捞力量。

第二十二条 国家根据捕捞量低于渔业资源增长量的原则，确定渔业资源的总可捕捞量，实行捕捞限额制度。国务院渔业行政主管部门负责组织渔业资源的调查和评估，为实行捕捞限额制度提供科学依据。中华人民共和国内海、领海、专属经济区和其他管辖海域的捕捞限额总量由国务院渔业行政主管部门确定，报国务院批准后逐级分解下达；国家确定的重要江河、湖泊的捕捞限额总量由有关省、自治区、直辖市人民政府确定或者协商确定，逐级分解下达。捕捞限额总量的分配应当体现公平、公正的原则，分配办法和分配结果必须向社会公开，并接受监督。

国务院渔业行政主管部门和省、自治区、直辖市人民政府渔业行政主管部门应当加强对捕捞限额制度实施情况的监督检查，对超过上级下达的捕捞限额指标的，应当在其次年捕捞限额指标中予以核减。

第二十三条 国家对捕捞业实行捕捞许可证制度。

到中华人民共和国与有关国家缔结的协定确定的共同管理的渔区或者公海从事捕捞作业的捕捞许可证，由国务院渔业行政主管部门批准发放。海洋大型拖网、围网作业的捕捞许可证，由省、自治区、直辖市人民政府渔业行政主管部门批准发放。其他作业的捕捞许可证，由县级以上地方人民政府渔业行政主管部门批准发放；但是，批准发放海洋作业的捕捞许可证不得超过国家下达的船网工具控制指标，具体办法由省、自治区、直辖市人民政府规定。

捕捞许可证不得买卖、出租和以其他形式转让，不得涂改、伪造、变造。

到他国管辖海域从事捕捞作业的，应当经国务院渔业行政主管部门批准，并遵守中华人民共和国缔结的或者参加的有关条约、协定和有关国家的法律。

第二十四条　具备下列条件的，方可发给捕捞许可证：

（一）有渔业船舶检验证书；

（二）有渔业船舶登记证书；

（三）符合国务院渔业行政主管部门规定的其他条件。

县级以上地方人民政府渔业行政主管部门批准发放的捕捞许可证，应当与上级人民政府渔业行政主管部门下达的捕捞限额指标相适应。

第二十五条　从事捕捞作业的单位和个人，必须按照捕捞许可证关于作业类型、场所、时限、渔具数量和捕捞限额的规定进行作业，并遵守国家有关保护渔业资源的规定，大中型渔船应当填写渔捞日志。

第二十六条　制造、更新改造、购置、进口的从事捕捞作业的船舶必须经渔业船舶检验部门检验合格后，方可下水作业。具体管理办法由国务院规定。

第二十七条　渔港建设应当遵守国家的统一规划，实行谁投资谁受益的原则。县级以上地方人民政府应当对位于本行政区域内的渔港加强监督管理，维护渔港的正常秩序。

第四章　渔业资源的增殖和保护

第二十八条　县级以上人民政府渔业行政主管部门应当对其管理的渔业水域统一规划，采取措施，增殖渔业资源。县级以上人民政府渔业行政主管部门可以向受益的单位和个人征收渔业资源增殖保护费，专门用于增殖和保护渔业资源。渔业资源增殖保护费的征收办法由国务院渔业行政主管部门会同财政部门制定，报国务院批准后施行。

第二十九条 国家保护水产种质资源及其生存环境，并在具有较高经济价值和遗传育种价值的水产种质资源的主要生长繁育区域建立水产种质资源保护区。未经国务院渔业行政主管部门批准，任何单位或者个人不得在水产种质资源保护区内从事捕捞活动。

第三十条 禁止使用炸鱼、毒鱼、电鱼等破坏渔业资源的方法进行捕捞。禁止制造、销售、使用禁用的渔具。禁止在禁渔区、禁渔期进行捕捞。禁止使用小于最小网目尺寸的网具进行捕捞。捕捞的渔获物中幼鱼不得超过规定的比例。在禁渔区或者禁渔期内禁止销售非法捕捞的渔获物。

重点保护的渔业资源品种及其可捕捞标准，禁渔区和禁渔期，禁止使用或者限制使用的渔具和捕捞方法，最小网目尺寸以及其他保护渔业资源的措施，由国务院渔业行政主管部门或者省、自治区、直辖市人民政府渔业行政主管部门规定。

第三十一条 禁止捕捞有重要经济价值的水生动物苗种。因养殖或者其他特殊需要，捕捞有重要经济价值的苗种或者禁捕的怀卵亲体的，必须经国务院渔业行政主管部门或者省、自治区、直辖市人民政府渔业行政主管部门批准，在指定的区域和时间内，按照限额捕捞。

在水生动物苗种重点产区引水用水时，应当采取措施，保护苗种。

第三十二条 在鱼、虾、蟹洄游通道建闸、筑坝，对渔业资源有严重影响的，建设单位应当建造过鱼设施或者采取其他补救措施。

第三十三条 用于渔业并兼有调蓄、灌溉等功能的水体，有关主管部门应当确定渔业生产所需的最低水位线。

第三十四条 禁止围湖造田。沿海滩涂未经县级以上人民政府批准，不得围垦；重要的苗种基地和养殖场所不得围垦。

第三十五条 进行水下爆破、勘探、施工作业，对渔业资源有严重影响的，作业单位应当事先同有关县级以上人民政府渔业行政主管部门协商，采取措施，防止或者减少对渔业资源的损害；造成渔业资源损失的，由有关县级以上人民政府责令赔偿。

第三十六条 各级人民政府应当采取措施，保护和改善渔业水域的生态环境，防治污染。

渔业水域生态环境的监督管理和渔业污染事故的调查处理，依照《中华人民共和国海洋环境保护法》和《中华人民共和国水污染防治法》的有关规定执行。

第三十七条 国家对白鳍豚等珍贵、濒危水生野生动物实行重点保护，防止其灭绝。禁止捕杀、伤害国家重点保护的水生野生动物。因科学研究、驯养繁殖、展览或者其他特殊情况，需要捕捞国家重点保护的水生野生动物的，依照《中华人民共和国野生动物保护法》的规定执行。

第五章 法律责任

第三十八条 使用炸鱼、毒鱼、电鱼等破坏渔业资源方法进行捕捞的，违反关于禁渔区、禁渔期的规定进行捕捞的，或者使用禁用的渔具、捕捞方法和小于最小网目尺寸的网具进行捕捞或者渔获物中幼鱼超过规定比例的，没收渔获物和违法所得，处五万元以下的罚款；情节严重的，没收渔具，吊销捕捞许可证；情节特别严重的，可以没收渔船；构成犯罪的，依法追究刑事责任。

在禁渔区或者禁渔期内销售非法捕捞的渔获物的，县级以上地方人民政府渔业行政主管部门应当及时进行调查处理。

制造、销售禁用的渔具的，没收非法制造、销售的渔具和违法所得，并处一万元以下的罚款。

第三十九条 偷捕、抢夺他人养殖的水产品的，或者破坏他人养殖水体、养殖设施的，责令改正，可以处二万元以下的罚款；造成他人损失的，依法承担赔偿责任；构成犯罪的，依法追究刑事责任。

第四十条 使用全民所有的水域、滩涂从事养殖生产，无正当理由使水域、滩涂荒芜满一年的，由发放养殖证的机关责令限期开发利用；逾期未开发利用的，吊销养殖证，可以并处一万元以下的罚款。

未依法取得养殖证擅自在全民所有的水域从事养殖生产的，责令改正，补办养殖证或者限期拆除养殖设施。

未依法取得养殖证或者超越养殖证许可范围在全民所有的水域从事养殖生产，妨碍航运、行洪的，责令限期拆除养殖设施，可以并处一万元以下的罚款。

第四十一条 未依法取得捕捞许可证擅自进行捕捞的，没收渔获物和违法所得，并处十万元以下的罚款；情节严重的，并可以没收渔具和渔船。

第四十二条 违反捕捞许可证关于作业类型、场所、时限和渔具数量的规定进行捕捞的，没收渔获物和违法所得，可以并处五万元以下的罚款；情节严重的，并可以没收渔具，吊销捕捞许可证。

第四十三条 涂改、买卖、出租或者以其他形式转让捕捞许可证的，没收违法所得，吊销捕捞许可证，可以并处一万元以下的罚款；伪造、变造、买卖捕捞许可证，构成犯罪的，依法追究刑事责任。

第四十四条 非法生产、进口、出口水产苗种的，没收苗种和违法所得，并处五万元以下的罚款。

经营未经审定的水产苗种的，责令立即停止经营，没收违法所得，可以并处五万元以下的罚款。

第四十五条 未经批准在水产种质资源保护区内从事捕捞活动的，责令立即停止捕捞，没收渔获物和渔具，可以并处一万元以下的罚款。

第四十六条 外国人、外国渔船违反本法规定，擅自进入中华人民共和国管辖水域从事渔业生产和渔业资源调查活动的，责令其离开或者将其驱逐，可以没收渔获物、渔具，并处五十万元以下的罚款；情节严重的，可以没收渔船；构成犯罪的，依法追究刑事责任。

第四十七条 造成渔业水域生态环境破坏或者渔业污染事故的，依照《中华人民共和国海洋环境保护法》和《中华人民共和国水污染防治法》的规定追究法律责任。

第四十八条 本法规定的行政处罚，由县级以上人民政府渔业行政主管部门或者其所属的渔政监督管理机构决定。但是，本法已对处罚机关作出规定的除外。

在海上执法时，对违反禁渔区、禁渔期的规定或者使用禁用的渔具、捕捞方法进行捕捞，以及未取得捕捞许可证进行捕捞的，事实清楚、证据充分，但是当场不能按照法定程序作出和执行行政处罚决定的，可以先暂时扣押捕捞许可证、渔具或者渔船，回港后依法作出和执行行政处罚决定。

第四十九条 渔业行政主管部门和其所属的渔政监督管理机构及其工作人员违反本法规定核发许可证、分配捕捞限额或者从事渔业生产经营活动的，或者有其他玩忽职守不履行法定义务、滥用职权、徇私舞弊的行为的，依法给予行政处分；构成犯罪的，依法追究刑事责任。

第六章 附则

第五十条 本法自 1986 年 7 月 1 日起施行。

中华人民共和国农产品质量安全法

（2006年4月29日第十届全国人民代表大会常务委员会第二十一次会议通过 根据2018年10月26日第十三届全国人民代表大会常务委员会第六次会议《关于修改〈中华人民共和国野生动物保护法〉等十五部法律的决定》修正 根据2022年9月2日第十三届全国人民代表大会常务委员会第三十六次会议修订）

目　　录

第一章　总则
第二章　农产品质量安全风险管理和标准制定
第三章　农产品产地
第四章　农产品生产
第五章　农产品销售
第六章　监督管理
第七章　法律责任
第八章　附则

第一章　总则

第一条　为了保障农产品质量安全，维护公众健康，促进农业和农村经济发展，制定本法。

第二条　本法所称农产品，是指来源于种植业、林业、畜牧业和渔业等的初级产品，即在农业活动中获得的植物、动物、微生物及其产品。

本法所称农产品质量安全，是指农产品质量达到农产品质量安全标准，符合保障人的健康、安全的要求。

第三条　与农产品质量安全有关的农产品生产经营及其监督管理活动，适用本法。

《中华人民共和国食品安全法》对食用农产品的市场销售、有关质量安全标准的制定、有关安全信息的公布和农业投入品已经作出规定的，应当遵守其规定。

第四条 国家加强农产品质量安全工作，实行源头治理、风险管理、全程控制，建立科学、严格的监督管理制度，构建协同、高效的社会共治体系。

第五条 国务院农业农村主管部门、市场监督管理部门依照本法和规定的职责，对农产品质量安全实施监督管理。

国务院其他有关部门依照本法和规定的职责承担农产品质量安全的有关工作。

第六条 县级以上地方人民政府对本行政区域的农产品质量安全工作负责，统一领导、组织、协调本行政区域的农产品质量安全工作，建立健全农产品质量安全工作机制，提高农产品质量安全水平。

县级以上地方人民政府应当依照本法和有关规定，确定本级农业农村主管部门、市场监督管理部门和其他有关部门的农产品质量安全监督管理工作职责。各有关部门在职责范围内负责本行政区域的农产品质量安全监督管理工作。

乡镇人民政府应当落实农产品质量安全监督管理责任，协助上级人民政府及其有关部门做好农产品质量安全监督管理工作。

第七条 农产品生产经营者应当对其生产经营的农产品质量安全负责。

农产品生产经营者应当依照法律、法规和农产品质量安全标准从事生产经营活动，诚信自律，接受社会监督，承担社会责任。

第八条 县级以上人民政府应当将农产品质量安全管理工作纳入本级国民经济和社会发展规划，所需经费列入本级预算，加强农产品质量安全监督管理能力建设。

第九条 国家引导、推广农产品标准化生产，鼓励和支持生产绿色优质农产品，禁止生产、销售不符合国家规定的农产品质量安全标准的农产品。

第十条 国家支持农产品质量安全科学技术研究，推行科学的质量安全管理方法，推广先进安全的生产技术。国家加强农产品质量安全科学技术国际交流与合作。

第十一条 各级人民政府及有关部门应当加强农产品质量安全知识的宣

传，发挥基层群众性自治组织、农村集体经济组织的优势和作用，指导农产品生产经营者加强质量安全管理，保障农产品消费安全。

新闻媒体应当开展农产品质量安全法律、法规和农产品质量安全知识的公益宣传，对违法行为进行舆论监督。有关农产品质量安全的宣传报道应当真实、公正。

第十二条 农民专业合作社和农产品行业协会等应当及时为其成员提供生产技术服务，建立农产品质量安全管理制度，健全农产品质量安全控制体系，加强自律管理。

第二章 农产品质量安全风险管理和标准制定

第十三条 国家建立农产品质量安全风险监测制度。

国务院农业农村主管部门应当制定国家农产品质量安全风险监测计划，并对重点区域、重点农产品品种进行质量安全风险监测。省、自治区、直辖市人民政府农业农村主管部门应当根据国家农产品质量安全风险监测计划，结合本行政区域农产品生产经营实际，制定本行政区域的农产品质量安全风险监测实施方案，并报国务院农业农村主管部门备案。县级以上地方人民政府农业农村主管部门负责组织实施本行政区域的农产品质量安全风险监测。

县级以上人民政府市场监督管理部门和其他有关部门获知有关农产品质量安全风险信息后，应当立即核实并向同级农业农村主管部门通报。接到通报的农业农村主管部门应当及时上报。制定农产品质量安全风险监测计划、实施方案的部门应当及时研究分析，必要时进行调整。

第十四条 国家建立农产品质量安全风险评估制度。

国务院农业农村主管部门应当设立农产品质量安全风险评估专家委员会，对可能影响农产品质量安全的潜在危害进行风险分析和评估。国务院卫生健康、市场监督管理等部门发现需要对农产品进行质量安全风险评估的，应当向国务院农业农村主管部门提出风险评估建议。

农产品质量安全风险评估专家委员会由农业、食品、营养、生物、环境、医学、化工等方面的专家组成。

第十五条 国务院农业农村主管部门应当根据农产品质量安全风险监

测、风险评估结果采取相应的管理措施，并将农产品质量安全风险监测、风险评估结果及时通报国务院市场监督管理、卫生健康等部门和有关省、自治区、直辖市人民政府农业农村主管部门。

县级以上人民政府农业农村主管部门开展农产品质量安全风险监测和风险评估工作时，可以根据需要进入农产品产地、储存场所及批发、零售市场。采集样品应当按照市场价格支付费用。

第十六条 国家建立健全农产品质量安全标准体系，确保严格实施。农产品质量安全标准是强制执行的标准，包括以下与农产品质量安全有关的要求：

（一）农业投入品质量要求、使用范围、用法、用量、安全间隔期和休药期规定；

（二）农产品产地环境、生产过程管控、储存、运输要求；

（三）农产品关键成分指标等要求；

（四）与屠宰畜禽有关的检验规程；

（五）其他与农产品质量安全有关的强制性要求。

《中华人民共和国食品安全法》对食用农产品的有关质量安全标准作出规定的，依照其规定执行。

第十七条 农产品质量安全标准的制定和发布，依照法律、行政法规的规定执行。

制定农产品质量安全标准应当充分考虑农产品质量安全风险评估结果，并听取农产品生产经营者、消费者、有关部门、行业协会等的意见，保障农产品消费安全。

第十八条 农产品质量安全标准应当根据科学技术发展水平以及农产品质量安全的需要，及时修订。

第十九条 农产品质量安全标准由农业农村主管部门商有关部门推进实施。

第三章　农产品产地

第二十条 国家建立健全农产品产地监测制度。

县级以上地方人民政府农业农村主管部门应当会同同级生态环境、自然资源等部门制订农产品产地监测计划,加强农产品产地安全调查、监测和评价工作。

第二十一条 县级以上地方人民政府农业农村主管部门应当会同同级生态环境、自然资源等部门按照保障农产品质量安全的要求,根据农产品品种特性和产地安全调查、监测、评价结果,依照土壤污染防治等法律、法规的规定提出划定特定农产品禁止生产区域的建议,报本级人民政府批准后实施。

任何单位和个人不得在特定农产品禁止生产区域种植、养殖、捕捞、采集特定农产品和建立特定农产品生产基地。

特定农产品禁止生产区域划定和管理的具体办法由国务院农业农村主管部门商国务院生态环境、自然资源等部门制定。

第二十二条 任何单位和个人不得违反有关环境保护法律、法规的规定向农产品产地排放或者倾倒废水、废气、固体废物或者其他有毒有害物质。

农业生产用水和用作肥料的固体废物,应当符合法律、法规和国家有关强制性标准的要求。

第二十三条 农产品生产者应当科学合理使用农药、兽药、肥料、农用薄膜等农业投入品,防止对农产品产地造成污染。

农药、肥料、农用薄膜等农业投入品的生产者、经营者、使用者应当按照国家有关规定回收并妥善处置包装物和废弃物。

第二十四条 县级以上人民政府应当采取措施,加强农产品基地建设,推进农业标准化示范建设,改善农产品的生产条件。

第四章 农产品生产

第二十五条 县级以上地方人民政府农业农村主管部门应当根据本地区的实际情况,制定保障农产品质量安全的生产技术要求和操作规程,并加强对农产品生产经营者的培训和指导。

农业技术推广机构应当加强对农产品生产经营者质量安全知识和技能的培训。国家鼓励科研教育机构开展农产品质量安全培训。

第二十六条 农产品生产企业、农民专业合作社、农业社会化服务组织应当加强农产品质量安全管理。

农产品生产企业应当建立农产品质量安全管理制度，配备相应的技术人员；不具备配备条件的，应当委托具有专业技术知识的人员进行农产品质量安全指导。

国家鼓励和支持农产品生产企业、农民专业合作社、农业社会化服务组织建立和实施危害分析和关键控制点体系，实施良好农业规范，提高农产品质量安全管理水平。

第二十七条 农产品生产企业、农民专业合作社、农业社会化服务组织应当建立农产品生产记录，如实记载下列事项：

（一）使用农业投入品的名称、来源、用法、用量和使用、停用的日期；

（二）动物疫病、农作物病虫害的发生和防治情况；

（三）收获、屠宰或捕捞的日期。

农产品生产记录应当至少保存二年。禁止伪造、变造农产品生产记录。

国家鼓励其他农产品生产者建立农产品生产记录。

第二十八条 对可能影响农产品质量安全的农药、兽药、饲料和饲料添加剂、肥料、兽医器械，依照有关法律、行政法规的规定实行许可制度。

省级以上人民政府农业农村主管部门应当定期或者不定期组织对可能危及农产品质量安全的农药、兽药、饲料和饲料添加剂、肥料等农业投入品进行监督抽查，并公布抽查结果。

农药、兽药经营者应当依照有关法律、行政法规的规定建立销售台账，记录购买者、销售日期和药品施用范围等内容。

第二十九条 农产品生产经营者应当依照有关法律、行政法规和国家有关强制性标准、国务院农业农村主管部门的规定，科学合理使用农药、兽药、饲料和饲料添加剂、肥料等农业投入品，严格执行农业投入品使用安全间隔期或者休药期的规定；不得超范围、超剂量使用农业投入品危及农产品质量安全。

禁止在农产品生产经营过程中使用国家禁止使用的农业投入品以及其他有毒有害物质。

第三十条 农产品生产场所以及生产活动中使用的设施、设备、消毒剂、洗涤剂等应当符合国家有关质量安全规定，防止污染农产品。

第三十一条 县级以上人民政府农业农村主管部门应当加强对农业投入

品使用的监督管理和指导，建立健全农业投入品的安全使用制度，推广农业投入品科学使用技术，普及安全、环保农业投入品的使用。

第三十二条　国家鼓励和支持农产品生产经营者选用优质特色农产品品种，采用绿色生产技术和全程质量控制技术，生产绿色优质农产品，实施分等分级，提高农产品品质，打造农产品品牌。

第三十三条　国家支持农产品产地冷链物流基础设施建设，健全有关农产品冷链物流标准、服务规范和监管保障机制，保障冷链物流农产品畅通高效、安全便捷，扩大高品质市场供给。

从事农产品冷链物流的生产经营者应当依照法律、法规和有关农产品质量安全标准，加强冷链技术创新与应用、质量安全控制，执行对冷链物流农产品及其包装、运输工具、作业环境等的检验检测检疫要求，保证冷链农产品质量安全。

第五章　农产品销售

第三十四条　销售的农产品应当符合农产品质量安全标准。

农产品生产企业、农民专业合作社应当根据质量安全控制要求自行或者委托检测机构对农产品质量安全进行检测；经检测不符合农产品质量安全标准的农产品，应当及时采取管控措施，且不得销售。

农业技术推广等机构应当为农户等农产品生产经营者提供农产品检测技术服务。

第三十五条　农产品在包装、保鲜、储存、运输中所使用的保鲜剂、防腐剂、添加剂、包装材料等，应当符合国家有关强制性标准以及其他农产品质量安全规定。

储存、运输农产品的容器、工具和设备应当安全、无害。禁止将农产品与有毒有害物质一同储存、运输，防止污染农产品。

第三十六条　有下列情形之一的农产品，不得销售：

（一）含有国家禁止使用的农药、兽药或者其他化合物；

（二）农药、兽药等化学物质残留或者含有的重金属等有毒有害物质不符合农产品质量安全标准；

（三）含有的致病性寄生虫、微生物或者生物毒素不符合农产品质量安全标准；

（四）未按照国家有关强制性标准以及其他农产品质量安全规定使用保鲜剂、防腐剂、添加剂、包装材料等，或者使用的保鲜剂、防腐剂、添加剂、包装材料等不符合国家有关强制性标准以及其他质量安全规定；

（五）病死、毒死或者死因不明的动物及其产品；

（六）其他不符合农产品质量安全标准的情形。

对前款规定不得销售的农产品，应当依照法律、法规的规定进行处置。

第三十七条 农产品批发市场应当按照规定设立或者委托检测机构，对进场销售的农产品质量安全状况进行抽查检测；发现不符合农产品质量安全标准的，应当要求销售者立即停止销售，并向所在地市场监督管理、农业农村等部门报告。

农产品销售企业对其销售的农产品，应当建立健全进货检查验收制度；经查验不符合农产品质量安全标准的，不得销售。

食品生产者采购农产品等食品原料，应当依照《中华人民共和国食品安全法》的规定查验许可证和合格证明，对无法提供合格证明的，应当按照规定进行检验。

第三十八条 农产品生产企业、农民专业合作社以及从事农产品收购的单位或者个人销售的农产品，按照规定应当包装或者附加承诺达标合格证等标识的，须经包装或者附加标识后方可销售。包装物或者标识上应当按照规定标明产品的品名、产地、生产者、生产日期、保质期、产品质量等级等内容；使用添加剂的，还应当按照规定标明添加剂的名称。具体办法由国务院农业农村主管部门制定。

第三十九条 农产品生产企业、农民专业合作社应当执行法律、法规的规定和国家有关强制性标准，保证其销售的农产品符合农产品质量安全标准，并根据质量安全控制、检测结果等开具承诺达标合格证，承诺不使用禁用的农药、兽药及其他化合物且使用的常规农药、兽药残留不超标等。鼓励和支持农户销售农产品时开具承诺达标合格证。法律、行政法规对畜禽产品的质量安全合格证明有特别规定的，应当遵守其规定。

从事农产品收购的单位或者个人应当按照规定收取、保存承诺达标合格证或者其他质量安全合格证明，对其收购的农产品进行混装或者分装后销售的，应当按照规定开具承诺达标合格证。

农产品批发市场应当建立健全农产品承诺达标合格证查验等制度。

县级以上人民政府农业农村主管部门应当做好承诺达标合格证有关工作的指导服务，加强日常监督检查。

农产品质量安全承诺达标合格证管理办法由国务院农业农村主管部门会同国务院有关部门制定。

第四十条 农产品生产经营者通过网络平台销售农产品的，应当依照本法和《中华人民共和国电子商务法》《中华人民共和国食品安全法》等法律、法规的规定，严格落实质量安全责任，保证其销售的农产品符合质量安全标准。网络平台经营者应当依法加强对农产品生产经营者的管理。

第四十一条 国家对列入农产品质量安全追溯目录的农产品实施追溯管理。国务院农业农村主管部门应当会同国务院市场监督管理等部门建立农产品质量安全追溯协作机制。农产品质量安全追溯管理办法和追溯目录由国务院农业农村主管部门会同国务院市场监督管理等部门制定。

国家鼓励具备信息化条件的农产品生产经营者采用现代信息技术手段采集、留存生产记录、购销记录等生产经营信息。

第四十二条 农产品质量符合国家规定的有关优质农产品标准的，农产品生产经营者可以申请使用农产品质量标志。禁止冒用农产品质量标志。

国家加强地理标志农产品保护和管理。

第四十三条 属于农业转基因生物的农产品，应当按照农业转基因生物安全管理的有关规定进行标识。

第四十四条 依法需要实施检疫的动植物及其产品，应当附具检疫标志、检疫证明。

第六章 监督管理

第四十五条 县级以上人民政府农业农村主管部门和市场监督管理等部门应当建立健全农产品质量安全全程监督管理协作机制，确保农产品从生产到消费各环节的质量安全。

县级以上人民政府农业农村主管部门和市场监督管理部门应当加强收购、储存、运输过程中农产品质量安全监督管理的协调配合和执法衔接，及时通报和共享农产品质量安全监督管理信息，并按照职责权限，发布有关农产品质量安全日常监督管理信息。

第四十六条 县级以上人民政府农业农村主管部门应当根据农产品质量安全风险监测、风险评估结果和农产品质量安全状况等，制定监督抽查计划，确定农产品质量安全监督抽查的重点、方式和频次，并实施农产品质量安全风险分级管理。

第四十七条 县级以上人民政府农业农村主管部门应当建立健全随机抽查机制，按照监督抽查计划，组织开展农产品质量安全监督抽查。

农产品质量安全监督抽查检测应当委托符合本法规定条件的农产品质量安全检测机构进行。监督抽查不得向被抽查人收取费用，抽取的样品应当按照市场价格支付费用，并不得超过国务院农业农村主管部门规定的数量。

上级农业农村主管部门监督抽查的同批次农产品，下级农业农村主管部门不得另行重复抽查。

第四十八条 农产品质量安全检测应当充分利用现有的符合条件的检测机构。

从事农产品质量安全检测的机构，应当具备相应的检测条件和能力，由省级以上人民政府农业农村主管部门或者其授权的部门考核合格。具体办法由国务院农业农村主管部门制定。

农产品质量安全检测机构应当依法经资质认定。

第四十九条 从事农产品质量安全检测工作的人员，应当具备相应的专业知识和实际操作技能，遵纪守法，恪守职业道德。

农产品质量安全检测机构对出具的检测报告负责。检测报告应当客观公正，检测数据应当真实可靠，禁止出具虚假检测报告。

第五十条 县级以上地方人民政府农业农村主管部门可以采用国务院农业农村主管部门会同国务院市场监督管理等部门认定的快速检测方法，开展农产品质量安全监督抽查检测。抽查检测结果确定有关农产品不符合农产品质量安全标准的，可以作为行政处罚的证据。

第五十一条 农产品生产经营者对监督抽查检测结果有异议的，可以自收到检测结果之日起五个工作日内，向实施农产品质量安全监督抽查的农业农村主管部门或者其上一级农业农村主管部门申请复检。复检机构与初检机构不得为同一机构。

采用快速检测方法进行农产品质量安全监督抽查检测，被抽查人对检测结果有异议的，可以自收到检测结果时起四小时内申请复检。复检不得采用快速检测方法。

复检机构应当自收到复检样品之日起七个工作日内出具检测报告。

因检测结果错误给当事人造成损害的，依法承担赔偿责任。

第五十二条 县级以上地方人民政府农业农村主管部门应当加强对农产品生产的监督管理，开展日常检查，重点检查农产品产地环境、农业投入品购买和使用、农产品生产记录、承诺达标合格证开具等情况。

国家鼓励和支持基层群众性自治组织建立农产品质量安全信息员工作制度，协助开展有关工作。

第五十三条 开展农产品质量安全监督检查，有权采取下列措施：

（一）进入生产经营场所进行现场检查，调查了解农产品质量安全的有关情况；

（二）查阅、复制农产品生产记录、购销台账等与农产品质量安全有关的资料；

（三）抽样检测生产经营的农产品和使用的农业投入品以及其他有关产品；

（四）查封、扣押有证据证明存在农产品质量安全隐患或者经检测不符合农产品质量安全标准的农产品；

（五）查封、扣押有证据证明可能危及农产品质量安全或者经检测不符合产品质量标准的农业投入品以及其他有毒有害物质；

（六）查封、扣押用于违法生产经营农产品的设施、设备、场所以及运输工具；

（七）收缴伪造的农产品质量标志。

农产品生产经营者应当协助、配合农产品质量安全监督检查，不得拒绝、阻挠。

第五十四条 县级以上人民政府农业农村等部门应当加强农产品质量安全信用体系建设，建立农产品生产经营者信用记录，记载行政处罚等信息，推进农产品质量安全信用信息的应用和管理。

第五十五条 农产品生产经营过程中存在质量安全隐患，未及时采取措施消除的，县级以上地方人民政府农业农村主管部门可以对农产品生产经营者的法定代表人或者主要负责人进行责任约谈。农产品生产经营者应当立即采取措施，进行整改，消除隐患。

第五十六条 国家鼓励消费者协会和其他单位或者个人对农产品质量安全进行社会监督，对农产品质量安全监督管理工作提出意见和建议。任何单位和个人有权对违反本法的行为进行检举控告、投诉举报。

县级以上人民政府农业农村主管部门应当建立农产品质量安全投诉举报制度，公开投诉举报渠道，收到投诉举报后，应当及时处理。对不属于本部门职责的，应当移交有权处理的部门并书面通知投诉举报人。

第五十七条 县级以上地方人民政府农业农村主管部门应当加强对农产品质量安全执法人员的专业技术培训并组织考核。不具备相应知识和能力的，不得从事农产品质量安全执法工作。

第五十八条 上级人民政府应当督促下级人民政府履行农产品质量安全职责。对农产品质量安全责任落实不力、问题突出的地方人民政府，上级人民政府可以对其主要负责人进行责任约谈。被约谈的地方人民政府应当立即采取整改措施。

第五十九条 国务院农业农村主管部门应当会同国务院有关部门制定国家农产品质量安全突发事件应急预案，并与国家食品安全事故应急预案相衔接。

县级以上地方人民政府应当根据有关法律、行政法规的规定和上级人民政府的农产品质量安全突发事件应急预案，制定本行政区域的农产品质量安全突发事件应急预案。

发生农产品质量安全事故时，有关单位和个人应当采取控制措施，及时向所在地乡镇人民政府和县级人民政府农业农村等部门报告；收到报告的机关应当按照农产品质量安全突发事件应急预案及时处理并报本级人民政府、上级人民政府有关部门。发生重大农产品质量安全事故时，按照规定上报国务院及其有关部门。

任何单位和个人不得隐瞒、谎报、缓报农产品质量安全事故，不得隐匿、伪造、毁灭有关证据。

第六十条 县级以上地方人民政府市场监督管理部门依照本法和《中华人民共和国食品安全法》等法律、法规的规定，对农产品进入批发、零售市场或者生产加工企业后的生产经营活动进行监督检查。

第六十一条 县级以上人民政府农业农村、市场监督管理等部门发现农产品质量安全违法行为涉嫌犯罪的,应当及时将案件移送公安机关。对移送的案件,公安机关应当及时审查;认为有犯罪事实需要追究刑事责任的,应当立案侦查。

公安机关对依法不需要追究刑事责任但应当给予行政处罚的,应当及时将案件移送农业农村、市场监督管理等部门,有关部门应当依法处理。

公安机关商请农业农村、市场监督管理、生态环境等部门提供检验结论、认定意见以及对涉案农产品进行无害化处理等协助的,有关部门应当及时提供、予以协助。

第七章 法律责任

第六十二条 违反本法规定,地方各级人民政府有下列情形之一的,对直接负责的主管人员和其他直接责任人员给予警告、记过、记大过处分;造成严重后果的,给予降级或者撤职处分:

(一)未确定有关部门的农产品质量安全监督管理工作职责,未建立健全农产品质量安全工作机制,或者未落实农产品质量安全监督管理责任;

(二)未制定本行政区域的农产品质量安全突发事件应急预案,或者发生农产品质量安全事故后未按照规定启动应急预案。

第六十三条 违反本法规定,县级以上人民政府农业农村等部门有下列行为之一的,对直接负责的主管人员和其他直接责任人员给予记大过处分;情节较重的,给予降级或者撤职处分;情节严重的,给予开除处分;造成严重后果的,其主要负责人还应当引咎辞职:

(一)隐瞒、谎报、缓报农产品质量安全事故或者隐匿、伪造、毁灭有关证据;

(二)未按照规定查处农产品质量安全事故,或者接到农产品质量安全事故报告未及时处理,造成事故扩大或者蔓延;

(三)发现农产品质量安全重大风险隐患后,未及时采取相应措施,造成农产品质量安全事故或者不良社会影响;

(四)不履行农产品质量安全监督管理职责,导致发生农产品质量安全事故。

第六十四条 县级以上地方人民政府农业农村、市场监督管理等部门在履行农产品质量安全监督管理职责过程中，违法实施检查、强制等执法措施，给农产品生产经营者造成损失的，应当依法予以赔偿，对直接负责的主管人员和其他直接责任人员依法给予处分。

第六十五条 农产品质量安全检测机构、检测人员出具虚假检测报告的，由县级以上人民政府农业农村主管部门没收所收取的检测费用，检测费用不足一万元的，并处五万元以上十万元以下罚款，检测费用一万元以上的，并处检测费用五倍以上十倍以下罚款；对直接负责的主管人员和其他直接责任人员处一万元以上五万元以下罚款；使消费者的合法权益受到损害的，农产品质量安全检测机构应当与农产品生产经营者承担连带责任。

因农产品质量安全违法行为受到刑事处罚或者因出具虚假检测报告导致发生重大农产品质量安全事故的检测人员，终身不得从事农产品质量安全检测工作。农产品质量安全检测机构不得聘用上述人员。

农产品质量安全检测机构有前两款违法行为的，由授予其资质的主管部门或者机构吊销该农产品质量安全检测机构的资质证书。

第六十六条 违反本法规定，在特定农产品禁止生产区域种植、养殖、捕捞、采集特定农产品或者建立特定农产品生产基地的，由县级以上地方人民政府农业农村主管部门责令停止违法行为，没收农产品和违法所得，并处违法所得一倍以上三倍以下罚款。

违反法律、法规规定，向农产品产地排放或者倾倒废水、废气、固体废物或者其他有毒有害物质的，依照有关环境保护法律、法规的规定处理、处罚；造成损害的，依法承担赔偿责任。

第六十七条 农药、肥料、农用薄膜等农业投入品的生产者、经营者、使用者未按照规定回收并妥善处置包装物或者废弃物的，由县级以上地方人民政府农业农村主管部门依照有关法律、法规的规定处理、处罚。

第六十八条 违反本法规定，农产品生产企业有下列情形之一的，由县级以上地方人民政府农业农村主管部门责令限期改正；逾期不改正的，处五千元以上五万元以下罚款：

（一）未建立农产品质量安全管理制度；

（二）未配备相应的农产品质量安全管理技术人员，且未委托具有专业技术知识的人员进行农产品质量安全指导。

第六十九条 农产品生产企业、农民专业合作社、农业社会化服务组织未依照本法规定建立、保存农产品生产记录，或者伪造、变造农产品生产记录的，由县级以上地方人民政府农业农村主管部门责令限期改正；逾期不改正的，处二千元以上二万元以下罚款。

第七十条 违反本法规定，农产品生产经营者有下列行为之一，尚不构成犯罪的，由县级以上地方人民政府农业农村主管部门责令停止生产经营、追回已经销售的农产品，对违法生产经营的农产品进行无害化处理或者予以监督销毁，没收违法所得，并可以没收用于违法生产经营的工具、设备、原料等物品；违法生产经营的农产品货值金额不足一万元的，并处十万元以上十五万元以下罚款，货值金额一万元以上的，并处货值金额十五倍以上三十倍以下罚款；对农户，并处一千元以上一万元以下罚款；情节严重的，有许可证的吊销许可证，并可以由公安机关对其直接负责的主管人员和其他直接责任人员处五日以上十五日以下拘留：

（一）在农产品生产经营过程中使用国家禁止使用的农业投入品或者其他有毒有害物质；

（二）销售含有国家禁止使用的农药、兽药或者其他化合物的农产品；

（三）销售病死、毒死或者死因不明的动物及其产品。

明知农产品生产经营者从事前款规定的违法行为，仍为其提供生产经营场所或者其他条件的，由县级以上地方人民政府农业农村主管部门责令停止违法行为，没收违法所得，并处十万元以上二十万元以下罚款；使消费者的合法权益受到损害的，应当与农产品生产经营者承担连带责任。

第七十一条 违反本法规定，农产品生产经营者有下列行为之一，尚不构成犯罪的，由县级以上地方人民政府农业农村主管部门责令停止生产经营、追回已经销售的农产品，对违法生产经营的农产品进行无害化处理或者予以监督销毁，没收违法所得，并可以没收用于违法生产经营的工具、设备、原料等物品；违法生产经营的农产品货值金额不足一万元的，并处五万元以上十万元以下罚款，货值金额一万元以上的，并处货值金额十倍以上二十倍以下罚款；对农户，并处五百元以上五千元以下罚款：

（一）销售农药、兽药等化学物质残留或者含有的重金属等有毒有害物质不符合农产品质量安全标准的农产品；

（二）销售含有的致病性寄生虫、微生物或者生物毒素不符合农产品质量安全标准的农产品；

（三）销售其他不符合农产品质量安全标准的农产品。

第七十二条　违反本法规定，农产品生产经营者有下列行为之一的，由县级以上地方人民政府农业农村主管部门责令停止生产经营、追回已经销售的农产品，对违法生产经营的农产品进行无害化处理或者予以监督销毁，没收违法所得，并可以没收用于违法生产经营的工具、设备、原料等物品；违法生产经营的农产品货值金额不足一万元的，并处五千元以上五万元以下罚款，货值金额一万元以上的，并处货值金额五倍以上十倍以下罚款；对农户，并处三百元以上三千元以下罚款：

（一）在农产品生产场所以及生产活动中使用的设施、设备、消毒剂、洗涤剂等不符合国家有关质量安全规定；

（二）未按照国家有关强制性标准或者其他农产品质量安全规定使用保鲜剂、防腐剂、添加剂、包装材料等，或者使用的保鲜剂、防腐剂、添加剂、包装材料等不符合国家有关强制性标准或者其他质量安全规定；

（三）将农产品与有毒有害物质一同储存、运输。

第七十三条　违反本法规定，有下列行为之一的，由县级以上地方人民政府农业农村主管部门按照职责给予批评教育，责令限期改正；逾期不改正的，处一百元以上一千元以下罚款：

（一）农产品生产企业、农民专业合作社、从事农产品收购的单位或者个人未按照规定开具承诺达标合格证；

（二）从事农产品收购的单位或者个人未按照规定收取、保存承诺达标合格证或者其他合格证明。

第七十四条　农产品生产经营者冒用农产品质量标志，或者销售冒用农产品质量标志的农产品的，由县级以上地方人民政府农业农村主管部门按照职责责令改正，没收违法所得；违法生产经营的农产品货值金额不足五千元的，并处五千元以上五万元以下罚款，货值金额五千元以上的，并处货值金额十倍以上二十倍以下罚款。

第七十五条　违反本法关于农产品质量安全追溯规定的，由县级以上地方人民政府农业农村主管部门按照职责责令限期改正；逾期不改正的，可以处一万元以下罚款。

第七十六条　违反本法规定，拒绝、阻挠依法开展的农产品质量安全监督检查、事故调查处理、抽样检测和风险评估的，由有关主管部门按照职责责令停产停业，并处二千元以上五万元以下罚款；构成违反治安管理行为的，由公安机关依法给予治安管理处罚。

第七十七条 《中华人民共和国食品安全法》对食用农产品进入批发、零售市场或者生产加工企业后的违法行为和法律责任有规定的，由县级以上地方人民政府市场监督管理部门依照其规定进行处罚。

第七十八条 违反本法规定，构成犯罪的，依法追究刑事责任。

第七十九条 违反本法规定，给消费者造成人身、财产或者其他损害的，依法承担民事赔偿责任。生产经营者财产不足以同时承担民事赔偿责任和缴纳罚款、罚金时，先承担民事赔偿责任。

食用农产品生产经营者违反本法规定，污染环境、侵害众多消费者合法权益，损害社会公共利益的，人民检察院可以依照《中华人民共和国民事诉讼法》《中华人民共和国行政诉讼法》等法律的规定向人民法院提起诉讼。

第八章　附则

第八十条 粮食收购、储存、运输环节的质量安全管理，依照有关粮食管理的法律、行政法规执行。

第八十一条 本法自 2023 年 1 月 1 日起施行。

农业农村部办公厅关于加快推进承诺达标合格证制度试行工作的通知

农办质〔2021〕16号

各省、自治区、直辖市及计划单列市农业农村（农牧）、畜牧兽医、渔业厅（局、委），新疆生产建设兵团农业农村局：

自2019年我部在全国试行食用农产品合格证制度以来，各地农业农村部门积极推进，压实了生产主体责任，促进了产管衔接，进一步完善了农产品质量安全监管措施，取得了阶段性成效。但在试行过程中，仍然存在开证不规范、推进不平衡、管理力度不够等问题。为贯彻落实《中共中央、国务院关于全面推进乡村振兴加快农业农村现代化的意见》有关要求，加快推进食用农产品达标合格证制度试行工作，现将有关事项通知如下。

一、做好承诺达标合格证的规范开具

（一）统一使用新版承诺达标合格证样式。在试行过程中，合格证样式和内容不断完善，各级农业农村部门对此也做了积极探索。为进一步明确制度的核心要求与目标，我部将合格证名称由"食用农产品合格证"调整为"承诺达标合格证"，并对合格证参考样式做了进一步优化，新版样式（见附件1）主要有以下调整。

1. 体现"达标"内涵。"达标"内涵即生产过程落实质量安全控制措施、附带承诺达标合格证的上市农产品符合食品安全国家标准。现阶段，承诺达标合格证的"达标"主要聚焦不使用禁用农药兽药、停用兽药和非法添加物，常规农药兽药残留不超标等方面。

2. 突出"承诺"要义。承诺达标合格证是承诺证，首先要展示承诺内容。新版承诺达标合格证参考样式，在全国试行方案中合格证参考样式的基础上，调整了承诺内容和基本信息的位置，将承诺内容放在承诺达标合格证最上端，生产者及农产品信息放后。

3. 调整承诺内容。明确是"对生产销售的食用农产品"作出承诺。将承诺内容中"遵守农药安全间隔期、兽药休药期规定"调整为"常规农药兽药残留不超标"。

4. 增加承诺依据。增加可勾选的"委托检测、自我检测、内部质量控制、自我承诺"4项承诺依据。生产主体开具承诺达标合格证时，根据实际情况勾选一项或多项。

新版承诺达标合格证参考样式自此文件印发之日起开始使用。各级农业农村部门应加强对生产主体的指导，开具电子承诺达标合格证或通过打印方式开具承诺达标合格证的，要在文件印发之日起1个月内按要求调整样式。已印制的原样式空白合格证，可在用完后调整。凡是新印制的，都要使用新版样式。

（二）确保承诺达标合格证规范有效开具。承诺达标合格证要坚持"谁生产、谁用药、谁承诺"的原则，由种植养殖者作出承诺，勾选选项、自主开具，乡镇农产品质量安全监管公共服务机构、村（社区）委员会、检测机构、农产品批发市场等不应代替种植养殖者开具。

（三）加强电子承诺达标合格证开具管理。各级农业农村部门推广电子承诺达标合格证，将承诺达标合格证与农产品追溯一体化推进，取得了积极成效。以二维码等形式开具承诺达标合格证的，要坚持基本原则和要求，一是二维码标识上或四周要明确展示"承诺达标合格证"字样；二是扫码后的内容中，首先要展示承诺达标合格证的名称、承诺声明、承诺依据等完整信息，接下来再展示企业简介、品牌宣传等内容。

二、加快承诺达标合格证的推广使用

（四）加大承诺达标合格证制度试行力度。对试行品种范围内尚未开具承诺达标合格证的生产主体，各级农业农村部门要督促其按要求尽快试行承诺达标合格证制度，提高试行覆盖率。对已试行承诺达标合格证制度的生产主体，要指导其规范开具，在试行品种上和批次上尽快实现全覆盖，养成常态化开具习惯。要将承诺达标合格证与参加各类展示展销会、参评各类品牌、奖项和项目支持挂钩。将承诺达标合格证制度纳入食品安全等考核内容，落实监管部门工作责任。将试行情况纳入国家农产品质量安全县创建重要内容，督促国家农产品质量安全县率先落实试行要求。进一步加强与市场监管部门的对接，强化食用农产品进入市场的索证索票，明确将承诺达标合格证作为质量安全合格凭证的其中一种，倒逼生产主体自觉开具承诺达标合格证。之前开具产地证明的，要尽快转向由生产主体开具承诺达标合格证。

（五）加强承诺达标合格证制度宣传。各级农业农村部门要定期总结提炼承诺达标合格证制度实施成效，形成典型经验和做法，开展学习交流。积极运用主流媒体、行业媒体、地方媒体等多种途径，宣传承诺达标合格证实施成效，展示本地典型经验和亮点成果，扩大承诺达标合格证的社会影响力和消费者认可度，持续营造自觉开具、规范使用承诺达标合格证的良好氛围。

三、强化承诺达标合格证的监督管理

（六）加大日常巡查检查力度。乡镇农产品质量安全监管公共服务机构要将承诺达标合格证制度的推行纳入监管服务范围，发挥好农产品质量安全监管"最初一公里"的作用。加强对开证生产主体的日常巡查检查，每年对试行主体的巡查要达到全覆盖。重点检查主体是否落实《中华人民共和国农产品质量安全法》规定和《农产品生产主体质量安全控制基本要求（试行）》（附件2），是否按照要求持续规范开具承诺达标合格证。要查看生产主体留存的承诺达标合格证开证记录，对检查过程中发现的问题及时督促整改。

（七）加强带证农产品监测和问题查处。省级农业农村部门实施风险监测和监督抽查，应涵盖附带承诺达标合格证的农产品，掌握其质量安全状况，切不可因开具承诺达标合格证而缺失监管。对风险监测中发现的问题要跟进开展监督抽查，对于承诺合格而抽检不合格的生产主体，要依法重处，同时帮助种植养殖者查找原因、整改问题。对于虚假开具承诺达标合格证的，要纳入信用管理，实施联合惩戒。

（八）及时掌握试行进展情况。各级农业农村部门要定期调度承诺达标合格证制度试行情况，掌握辖区内应实施承诺达标合格证制度的生产主体数量和已实施承诺达标合格证制度的生产主体数量。对于已实施承诺达标合格证制度的生产主体，要关注其是否处于常态化开具状态，如属于点状零星开具的，要推动实现批批开具。省级农业农村部门要定期汇总分析本省份承诺达标合格证制度试行情况，加强试行工作的督促指导。《中华人民共和国农产品质量安全法》修订公布后，按照法律有关规定抓好贯彻落实。

各级农业农村部门要高度重视承诺达标合格证制度试行工作，加快推进步伐，提升农产品质量安全监管水平。2021年底前，省级农业农村部门要组织开展一次自查（自查表详见附件3），重点自查生产主体名录是否健全，开证主体日常监管和市场查验等情况，督促指导各地加快推进实施，确保试行工作落实到位。2021年12月15日前，请将本省份自查情况及承诺达标合格证制度试行情况总结报送我部农产品质量安全监管司并抄送农业农村部农产品质量标准研究中心。工作过程中，可以随时以新闻报道、工作简报等形式报送有关经验和亮点成效。

联系方式：

农业农村部农产品质量安全监管司：郭艳青，电话：010-59192694，电子邮箱：nybjgc@163.com。

农业农村部农产品质量标准研究中心：刘海华，电话：010-82106327，电子邮箱：15201433678@126.com。

附件：1. 新版承诺达标合格证参考样式
   2. 农产品生产主体质量安全控制基本要求（试行）
   3. 承诺达标合格证制度实施情况自查表

农业农村部办公厅

2021年11月3日

附件1

新版承诺达标合格证参考样式

承诺达标合格证

我承诺对生产销售的食用农产品：

☐ 不使用禁用农药兽药、停用兽药和非法添加物

☐ 常规农药兽药残留不超标

☐ 对承诺的真实性负责

承诺依据：

☐ 委托检测　　　　　　　　☐ 自我检测

☐ 内部质量控制　　　　　　☐ 自我承诺

————————————————

产品名称：　　　　　数量(重量)：
产　　地：
生产者盖章或签名：
联系方式：
开具日期：　　年　　月　　日

附件 2

农产品生产主体质量安全控制基本要求（试行）

根据《中华人民共和国农产品质量安全法》《农药管理条例》《兽药管理条例》等有关法律法规及《农业农村部关于印发〈全国试行食用农产品达标合格证制度实施方案〉的通知》（农质发〔2019〕6号）要求，生产者应当履行农产品质量安全第一责任，试行承诺达标合格证的生产主体应在严格落实质量控制相关要求的基础上开具承诺达标合格证，具体要求如下。

一、食用农产品生产企业、农民专业合作社、家庭农场质量安全控制要求

（一）内部质量控制人员

1. 至少有一名内部质量控制人员负责生产过程的质量管理，内部质量控制人员应当定期接受农产品质量安全知识培训，熟知国家农产品质量安全管理要求和标准化生产操作规范并积极推动实施落实。

2. 建立质量安全责任制，明确管理人员和重点岗位人员职责要求，关键岗位生产人员健康证齐全且有效（适用时）；国家对相关产品生产、加工从业人员有其他要求的应执行国家相关规定。

3. 定期对内部员工、社员农户等进行质量安全生产管理与技术培训。

（二）产地环境管理

4. 产地环境条件应符合相关产品产地环境标准要求，不在特定农产品禁止生产区域生产特定农产品。产地周边环境清洁，无生产及生活废弃物，水源清洁，无对农业生产活动和产地造成危害或潜在危害的污染源，畜牧业生产主体应建有病死畜禽、污水、粪便等污染物无害化处理设备设施且运转有效。水产养殖主体应开展养殖尾水净化，排放的废水应达到相关排放标准。

（三）质量控制措施和管理制度

5. 建立或收集与所生产农产品质量安全相关的产地环境、生产过程、

收储运等全过程质量安全控制技术规程和产品质量标准，收集并保存农产品质量安全相关法律法规及现行有效的有关标准文件。

6. 农民专业合作社应建立农户名册，包括农户名单、地址、产品类型、具体种类名称、种植养殖规模等信息；应与合作农户签署合作协议，明确农产品质量安全管理及处罚措施。

7. 建立并落实关键环节质量控制措施、人员培训制度、基地农户管理制度（适用时）、卫生防疫制度和消毒制度（畜牧业适用）、动物疫病及植物病虫害安全防治制度、投入品管理制度以及产地环境保护措施等；分户生产的，还应建立农业投入品统一管理和产品统一销售制度。

8. 在种植、养殖区范围内合适位置明示国家禁用农药兽药、停用兽药和非法添加物清单。

9. 产品收获、出栏应严格执行农药安全间隔期、兽药休药期规定。

10. 建立生产过程记录、销售记录等并存档，生产过程记录应包括使用农业投入品的名称、来源、用法、用量和使用、停用日期，动物疫病、植物病虫草害的发生和防治情况，收获、出栏、屠宰或捕捞日期等信息。生产记录档案至少保存两年。

11. 鼓励使用信息化、智能化手段保存记录档案。

（四）农业投入品管理

12. 通过正规渠道购买农业投入品，不购买、使用、贮存国家禁停用的农业投入品，索取并保存购买凭据等证明资料。

13. 养殖者自行配制饲料的，严禁在自配料中添加禁用药物、禁用物质以及其他有毒有害物质。

14. 进行自繁种源时应符合国家相关规定。自制或收集的其他投入品，应符合相关法律法规和技术标准要求。

15. 配备符合要求的投入品贮存仓库或安全存放的相应设施，按产品标签规定的贮存条件分类存放，根据要求采用隔离（如墙、隔板）等方式防止交叉污染，有醒目标记，专人管理。

16. 配有具备一定专业知识和技术能力的农技人员指导员工规范生产，遵守投入品使用要求，选择合适的施用器械，适时、适量、科学合理使用投入品。对变质和过期的投入品做好标记，回收隔离禁用并安全处置。

（五）废弃物和污染物管理

17. 设立废弃物存放区，对不同类型废弃物分类存放并按规定处置，保持清洁。

18. 及时收集质量安全不合格产品、病死畜禽、粪便等污染物并进行无害化处理，有条件的应当建立收集点集中安全处理。

（六）产品质量

19. 销售的农产品质量应符合食品安全国家标准。有条件的生产主体在产品上市前要开展自检或委托检测。

（七）包装和标识

20. 包装的农产品应防止机械损伤和二次污染。包装和标识材料符合国家强制性技术规范要求，安全、卫生、环保、无毒，无挥发性物质产生。

（八）产后处理

21. 产后处理和贮藏区域设有有害生物（老鼠、昆虫等）防范措施，定期对员工进行卫生知识培训和健康检查，及时清洁和保养设施设备。

22. 使用的防腐剂、保鲜剂、添加剂、消毒剂，应符合国家强制性规范要求并按规定合理使用、储存，同时做好记录。

23. 根据农产品的特点和卫生需要选择适宜的贮藏和运输条件，必要时应配备保温、冷藏、保鲜等设施。不与农业投入品及有毒、有害、有异味的物品混装混放。

二、种养大户、小农户质量安全控制要求

1. 应经过一定的农产品质量安全知识培训，了解和掌握国家农产品质量安全管理要求及相关标准化生产知识。

2. 产地环境条件应符合相关产品产地环境标准要求，不在特定农产品禁止生产区域生产特定农产品。产地周边环境清洁，无生产及生活废弃物，水源清洁，无对农业生产活动和产地造成危害或潜在危害的污染源。

3. 通过正规渠道、在具有合法经营资质的经销商处采购农药、兽药、饲料和饲料添加剂等农业投入品，保留购货凭证，对投入品实行定点存放，并做好记录。

4. 不使用国家禁用农药兽药、停用兽药和过期的农业投入品，不使用

非法添加物，严格执行安全间隔期、休药期等规定。

5. 建立生产过程记录并存档，包括使用农业投入品的名称、来源、用法、用量和使用、停用日期，收获、出栏、屠宰或捕捞日期等信息记录。记录档案至少保存两年。

6. 养殖者自行配制饲料的，严禁在自配料中添加禁用药物、禁用物质以及其他有毒有害物质。

7. 使用符合要求的工具及容器采收、运输、存储农产品，收获的农产品应与农药、兽药、饲料等农业投入品分开储存。

8. 销售的农产品质量应符合食品安全国家标准。有条件的，在产品上市前鼓励开展自检或委托检测。

9. 包装的农产品应防止机械损伤和二次污染。包装和标识材料符合国家强制性技术规范要求，安全、卫生、环保、无毒，无挥发性物质产生。

10. 产品贮运应符合有关规定，有专门的产品贮藏场所，保持通风、清洁卫生、无异味，并注意防鼠、防潮，不与农业投入品及有毒、有害、有异味的物品混装混放。

11. 农药包装废弃物、质量安全不合格产品、病死畜禽等污染物应分类收集并按规定进行无害化处理。

12. 使用的防腐剂、保鲜剂、添加剂、消毒剂，应符合国家强制性规范要求并按规定合理使用、做好记录。

附件3

承诺达标合格证制度实施情况自查表

填表日期			自查单位	
填表人			联系电话	
序号	类别	自查内容	符合性	详细描述具体如何开展工作
1	生产主体名录建立情况	是否建立完善的生产主体名录（不是临时的纸张表格，至少应有专门的管理机制）	□是 □否	
2		生产主体名录是否覆盖所有企业、合作社、家庭农场	□是 □否	
3		所有实施承诺达标合格证制度的生产主体是否均在生产主体名录中有明确标识，每月统计的开证主体数量是否准确	□是 □否	
4		是否通过生产主体名录开展"双随机"抽查	□是 □否	
5		是否建立信息化生产主体名录	□是 □否	
6	指导生产主体安全生产情况	是否对开证主体，特别是家庭农场和小农户开展生产指导	□是 □否	
7		是否对没有能力自检的家庭农场或农户采取指导帮扶措施，具体采取怎样的措施	□是 □否	
8	强化监管情况	是否开展辖区内生产主体的安全生产培训，培训的主体覆盖率为多少	□是 □否	
9		是否加强对开证主体的日常巡查，平均多长时间能够将全部开证主体巡查一次	□是 □否	
10		在日常巡查中，是否发现开证主体存在问题，如何处理	□是 □否	
11		是否将带证农产品纳入本级监督抽查计划，占计划总数比例为多少	□是 □否	
12		是否将带证农产品纳入本级风险监测计划，占计划总数比例为多少（风险监测需区分快检和定量检测）	□是 □否	

国家市场监督管理总局令

第 81 号

《食用农产品市场销售质量安全监督管理办法》已经 2023 年 6 月 26 日市场监管总局第 12 次局务会议通过，现予公布，自 2023 年 12 月 1 日起施行。

局长 罗 文
2023 年 6 月 30 日

食用农产品市场销售质量安全监督管理办法

第一条 为了规范食用农产品市场销售行为，加强食用农产品市场销售质量安全监督管理，保障食用农产品质量安全，根据《中华人民共和国食品安全法》（以下简称食品安全法）、《中华人民共和国农产品质量安全法》《中华人民共和国食品安全法实施条例》（以下简称食品安全法实施条例）等法律法规，制定本办法。

第二条 食用农产品市场销售质量安全及其监督管理适用本办法。

本办法所称食用农产品市场销售，是指通过食用农产品集中交易市场（以下简称集中交易市场）、商场、超市、便利店等固定场所销售食用农产品的活动，不包括食用农产品收购行为。

第三条 国家市场监督管理总局负责制定食用农产品市场销售质量安全监督管理制度，监督指导全国食用农产品市场销售质量安全的监督管理工作。

省、自治区、直辖市市场监督管理部门负责监督指导本行政区域食用农产品市场销售质量安全的监督管理工作。

市、县级市场监督管理部门负责本行政区域食用农产品市场销售质量安全的监督管理工作。

第四条 县级以上市场监督管理部门应当与同级农业农村等相关部门建立健全食用农产品市场销售质量安全监督管理协作机制，加强信息共享，推动产地准出与市场准入衔接，保证市场销售的食用农产品可追溯。

第五条 食用农产品市场销售相关行业组织应当加强行业自律,督促集中交易市场开办者和销售者履行法律义务,规范集中交易市场食品安全管理行为和销售者经营行为,提高食用农产品质量安全保障水平。

第六条 在严格执行食品安全标准的基础上,鼓励食用农产品销售企业通过应用推荐性国家标准、行业标准以及团体标准等促进食用农产品高质量发展。

第七条 食用农产品销售者(以下简称销售者)应当保持销售场所环境整洁,与有毒、有害场所以及其他污染源保持适当的距离,防止交叉污染。

销售生鲜食用农产品,不得使用对食用农产品的真实色泽等感官性状造成明显改变的照明等设施误导消费者对商品的感官认知。

鼓励采用净菜上市、冷鲜上市等方式销售食用农产品。

第八条 销售者采购食用农产品,应当依照食品安全法第六十五条的规定建立食用农产品进货查验记录制度,索取并留存食用农产品进货凭证,并核对供货者等有关信息。

采购按照规定应当检疫、检验的肉类,应当索取并留存动物检疫合格证明、肉品品质检验合格证等证明文件。采购进口食用农产品,应当索取并留存海关部门出具的入境货物检验检疫证明等证明文件。

供货者提供的销售凭证、食用农产品采购协议等凭证中含有食用农产品名称、数量、供货日期以及供货者名称、地址、联系方式等进货信息的,可以作为食用农产品的进货凭证。

第九条 从事连锁经营和批发业务的食用农产品销售企业应当主动加强对采购渠道的审核管理,优先采购附具承诺达标合格证或者其他产品质量合格凭证的食用农产品,不得采购不符合食品安全标准的食用农产品。对无法提供承诺达标合格证或者其他产品质量合格凭证的,鼓励销售企业进行抽样检验或者快速检测。

除生产者或者供货者出具的承诺达标合格证外,自检合格证明、有关部门出具的检验检疫合格证明等也可以作为食用农产品的产品质量合格凭证。

第十条 实行统一配送销售方式的食用农产品销售企业,对统一配送的食用农产品可以由企业总部统一建立进货查验记录制度并保存进货凭证和产品质量合格凭证;所属各销售门店应当保存总部的配送清单,提供可查验相应凭证的方式。配送清单保存期限不得少于六个月。

第十一条 从事批发业务的食用农产品销售企业应当建立食用农产品销售记录制度，如实记录批发食用农产品的名称、数量、进货日期、销售日期以及购货者名称、地址、联系方式等内容，并保存相关凭证。记录和凭证保存期限不得少于六个月。

第十二条 销售者销售食用农产品，应当在销售场所明显位置或者带包装产品的包装上如实标明食用农产品的名称、产地、生产者或者销售者的名称或者姓名等信息。产地应当具体到县（市、区），鼓励标注到乡镇、村等具体产地。对保质期有要求的，应当标注保质期；保质期与贮存条件有关的，应当予以标明；在包装、保鲜、贮存中使用保鲜剂、防腐剂等食品添加剂的，应当标明食品添加剂名称。

销售即食食用农产品还应当如实标明具体制作时间。

食用农产品标签所用文字应当使用规范的中文，标注的内容应当清楚、明显，不得含有虚假、错误或者其他误导性内容。

鼓励销售者在销售场所明显位置展示食用农产品的承诺达标合格证。带包装销售食用农产品的，鼓励在包装上标明生产日期或者包装日期、贮存条件以及最佳食用期限等内容。

第十三条 进口食用农产品的包装或者标签应当符合我国法律、行政法规的规定和食品安全标准的要求，并以中文载明原产国（地区），以及在中国境内依法登记注册的代理商、进口商或者经销者的名称、地址和联系方式，可以不标示生产者的名称、地址和联系方式。

进口鲜冻肉类产品的外包装上应当以中文标明规格、产地、目的地、生产日期、保质期、贮存条件等内容。

分装销售的进口食用农产品，应当在包装上保留原进口食用农产品全部信息以及分装企业、分装时间、地点、保质期等信息。

第十四条 销售者通过去皮、切割等方式简单加工、销售即食食用农产品的，应当采取有效措施做好食品安全防护，防止交叉污染。

第十五条 禁止销售者采购、销售食品安全法第三十四条规定情形的食用农产品。

可拣选的果蔬类食用农产品带泥、带沙、带虫、部分枯萎，以及可拣选的水产品带水、带泥、带沙等，不属于食品安全法第三十四条第六项规定的腐败变质、霉变生虫、污秽不洁、混有异物、掺假掺杂或者感官性状异常等情形。

第十六条 销售者贮存食用农产品，应当定期检查，及时清理腐败变质、油脂酸败、霉变生虫或者感官性状异常的食用农产品。贮存对温度、湿度等有特殊要求的食用农产品，应当具备保温、冷藏或者冷冻等设施设备，并保持有效运行。

销售者委托贮存食用农产品的，应当选择取得营业执照等合法主体资格、能够保障食品安全的贮存服务提供者，并监督受托方按照保证食品安全的要求贮存食用农产品。

第十七条 接受销售者委托贮存食用农产品的贮存服务提供者，应当按照保证食品安全的要求，加强贮存过程管理，履行下列义务：

（一）如实记录委托方名称或者姓名、地址、联系方式等内容，记录保存期限不得少于贮存结束后二年；

（二）非食品生产经营者从事对温度、湿度等有特殊要求的食用农产品贮存业务的，应当自取得营业执照之日起三十个工作日内向所在地县级市场监督管理部门备案，备案信息包括贮存场所名称、地址、贮存能力以及法定代表人或者负责人姓名、统一社会信用代码、联系方式等信息；

（三）保证贮存食用农产品的容器、工具和设备安全无害，保持清洁，防止污染，保证食品安全所需的温度、湿度和环境等特殊要求，不得将食用农产品与有毒、有害物品一同贮存；

（四）贮存肉类冻品应当查验并留存有关动物检疫合格证明、肉品品质检验合格证等证明文件；

（五）贮存进口食用农产品，应当查验并留存海关部门出具的入境货物检验检疫证明等证明文件；

（六）定期检查库存食用农产品，发现销售者有违法行为的，应当及时制止并立即报告所在地县级市场监督管理部门；

（七）法律、法规规定的其他义务。

第十八条 食用农产品的运输容器、工具和设备应当安全无害，保持清洁，防止污染，不得将食用农产品与有毒、有害物品一同运输。运输对温度、湿度等有特殊要求的食用农产品，应当具备保温、冷藏或者冷冻等设备设施，并保持有效运行。

销售者委托运输食用农产品的，应当对承运人的食品安全保障能力进行审核，并监督承运人加强运输过程管理，如实记录委托方和收货方的名称或者姓名、地址、联系方式等内容，记录保存期限不得少于运输结束后二年。

第十九条 集中交易市场开办者应当建立健全食品安全管理制度，履行入场销售者登记建档、签订协议、入场查验、场内检查、信息公示、食品安全违法行为制止及报告、食品安全事故处置、投诉举报处置等管理义务，食用农产品批发市场（以下简称批发市场）开办者还应当履行抽样检验、统一销售凭证格式以及监督入场销售者开具销售凭证等管理义务。

第二十条 集中交易市场开办者应当在市场开业前向所在地县级市场监督管理部门如实报告市场名称、住所、类型、法定代表人或者负责人姓名、食用农产品主要种类等信息。

集中交易市场开办者应当建立入场销售者档案并及时更新，如实记录销售者名称或者姓名、统一社会信用代码或者身份证号码、联系方式，以及市场自查和抽检中发现的问题和处理信息。入场销售者档案信息保存期限不少于销售者停止销售后六个月。

第二十一条 集中交易市场开办者应当按照食用农产品类别实行分区销售，为入场销售者提供符合食品安全要求的环境、设施、设备等经营条件，定期检查和维护，并做好检查记录。

第二十二条 鼓励集中交易市场开办者改造升级，为入场销售者提供满足经营需要的冷藏、冷冻、保鲜等专业贮存场所，更新设施、设备，提高食品安全保障能力和水平。

鼓励集中交易市场开办者采用信息化手段统一采集食用农产品进货、贮存、运输、交易等数据信息，提高食品安全追溯能力和水平。

第二十三条 集中交易市场开办者应当查验入场食用农产品的进货凭证和产品质量合格凭证，与入场销售者签订食用农产品质量安全协议，列明违反食品安全法律法规规定的退市条款。未签订食用农产品质量安全协议的销售者和无法提供进货凭证的食用农产品不得进入市场销售。

集中交易市场开办者对声称销售自产食用农产品的，应当查验自产食用农产品的承诺达标合格证或者查验并留存销售者身份证号码、联系方式、住所以及食用农产品名称、数量、入场日期等信息。

对无法提供承诺达标合格证或者其他产品质量合格凭证的食用农产品，

集中交易市场开办者应当进行抽样检验或者快速检测，结果合格的，方可允许进入市场销售。

鼓励和引导有条件的集中交易市场开办者对场内销售的食用农产品集中建立进货查验记录制度。

第二十四条 集中交易市场开办者应当配备食品安全员等食品安全管理人员，加强对食品安全管理人员的培训和考核；批发市场开办者还应当配备食品安全总监。

食品安全管理人员应当加强对入场销售者的食品安全宣传教育，对入场销售者的食用农产品经营行为进行检查。检查中发现存在违法行为的，集中交易市场开办者应当及时制止，并向所在地县级市场监督管理部门报告。

第二十五条 批发市场开办者应当依照食品安全法第六十四条的规定，对场内销售的食用农产品进行抽样检验。采取快速检测的，应当采用国家规定的快速检测方法。鼓励零售市场开办者配备检验设备和检验人员，或者委托具有资质的食品检验机构，进行食用农产品抽样检验。

集中交易市场开办者发现场内食用农产品不符合食品安全标准的，应当要求入场销售者立即停止销售，依照集中交易市场管理规定或者与入场销售者签订的协议进行销毁或者无害化处理，如实记录不合格食用农产品数量、产地、销售者、销毁方式等内容，留存不合格食用农产品销毁影像信息，并向所在地县级市场监督管理部门报告。记录保存期限不少于销售者停止销售后六个月。

第二十六条 集中交易市场开办者应当在醒目位置及时公布本市场食品安全管理制度、食品安全管理人员、投诉举报电话、市场自查结果、食用农产品抽样检验信息以及不合格食用农产品处理结果等信息。

公布的食用农产品抽样检验信息应当包括检验项目和检验结果。

第二十七条 批发市场开办者应当向入场销售者提供包括批发市场名称、食用农产品名称、产地、数量、销售日期以及销售者名称、摊位信息、联系方式等项目信息的统一销售凭证，或者指导入场销售者自行印制包括上述项目信息的销售凭证。

批发市场开办者印制或者按照批发市场要求印制的销售凭证，以及包括前款所列项目信息的电子凭证可以作为入场销售者的销售记录和相关购货者的进货凭证。销售凭证保存期限不得少于六个月。

第二十八条 与屠宰厂（场）、食用农产品种植养殖基地签订协议的批发市场开办者应当对屠宰厂（场）和食用农产品种植养殖基地进行实地考察，了解食用农产品生产过程以及相关信息。

第二十九条 县级以上市场监督管理部门按照本行政区域食品安全年度监督管理计划，对集中交易市场开办者、销售者及其委托的贮存服务提供者遵守本办法情况进行日常监督检查：

（一）对食用农产品销售、贮存等场所、设施、设备，以及信息公示情况等进行现场检查；

（二）向当事人和其他有关人员调查了解与食用农产品销售活动和质量安全有关的情况；

（三）检查食用农产品进货查验记录制度落实情况，查阅、复制与食用农产品质量安全有关的记录、协议、发票以及其他资料；

（四）检查集中交易市场抽样检验情况；

（五）对集中交易市场的食品安全总监、食品安全员随机进行监督抽查考核并公布考核结果；

（六）对食用农产品进行抽样，送有资质的食品检验机构进行检验；

（七）对有证据证明不符合食品安全标准或者有证据证明存在质量安全隐患以及用于违法生产经营的食用农产品，有权查封、扣押、监督销毁；

（八）依法查封违法从事食用农产品销售活动的场所。

集中交易市场开办者、销售者及其委托的贮存服务提供者对市场监督管理部门依法实施的监督检查应当予以配合，不得拒绝、阻挠、干涉。

第三十条 市、县级市场监督管理部门可以采用国家规定的快速检测方法对食用农产品质量安全进行抽查检测，抽查检测结果表明食用农产品可能存在质量安全隐患的，销售者应当暂停销售；抽查检测结果确定食用农产品不符合食品安全标准的，可以作为行政处罚的证据。

被抽查人对快速检测结果有异议的，可以自收到检测结果时起四小时内申请复检。复检结论仍不合格的，复检费用由申请人承担。复检不得采用快速检测方法。

第三十一条 市、县级市场监督管理部门应当依据职责公布食用农产品质量安全监督管理信息。

公布食用农产品质量安全监督管理信息，应当做到准确、及时、客观，并进行必要的解释说明，避免误导消费者和社会舆论。

第三十二条 县级以上市场监督管理部门应当加强信息化建设，汇总分析食用农产品质量安全信息，加强监督管理，防范食品安全风险。

第三十三条 县级以上地方市场监督管理部门应当将监督检查、违法行为查处等情况记入集中交易市场开办者、销售者食品安全信用档案，并依法通过国家企业信用信息公示系统向社会公示。

对于性质恶劣、情节严重、社会危害较大，受到市场监督管理部门较重行政处罚的，依法列入市场监督管理严重违法失信名单，采取提高检查频次等管理措施，并依法实施联合惩戒。

市、县级市场监督管理部门应当逐步建立销售者市场准入前信用承诺制度，要求销售者以规范格式向社会作出公开承诺，如存在违法失信销售行为将自愿接受信用惩戒。信用承诺纳入销售者信用档案，接受社会监督，并作为事中事后监督管理的参考。

第三十四条 食用农产品在销售过程中存在质量安全隐患，未及时采取有效措施消除的，市、县级市场监督管理部门可以对集中交易市场开办者、销售企业负责人进行责任约谈。被约谈者无正当理由拒不按时参加约谈或者未按要求落实整改的，市场监督管理部门应当记入集中交易市场开办者、销售企业信用档案。

第三十五条 市、县级市场监督管理部门发现批发市场有国家法律法规及本办法禁止销售的食用农产品，在依法处理的同时，应当及时追查食用农产品来源和流向，查明原因、控制风险并报告上级市场监督管理部门，同时通报所涉地同级市场监督管理部门；涉及种植养殖和进出口环节的，还应当通报农业农村主管部门和海关部门。所涉地市场监督管理部门接到通报后应当积极配合开展调查，控制风险，并加强与事发地市场监督管理部门的信息通报和执法协作。

市、县级市场监督管理部门发现超出其管辖范围的食用农产品质量安全案件线索，应当及时移送有管辖权的市、县级市场监督管理部门。

第三十六条 市、县级市场监督管理部门发现下列情形之一的，应当及时通报所在地同级农业农村主管部门：

（一）农产品生产企业、农民专业合作社、从事农产品收购的单位或者个人未按照规定出具承诺达标合格证；

（二）承诺达标合格证存在虚假信息；

（三）附具承诺达标合格证的食用农产品不合格；

（四）其他有关承诺达标合格证违法违规行为。

农业农村主管部门发现附具承诺达标合格证的食用农产品不合格，向所在地市、县级市场监督管理部门通报的，市、县级市场监督管理部门应当根据农业农村主管部门提供的流向信息，及时追查不合格食用农产品并依法处理。

第三十七条 县级以上地方市场监督管理部门在监督管理中发现食用农产品质量安全事故，或者接到食用农产品质量安全事故的投诉举报，应当立即会同相关部门进行调查处理，采取措施防止或者减少社会危害。按照应急预案的规定报告当地人民政府和上级市场监督管理部门，并在当地人民政府统一领导下及时开展食用农产品质量安全事故调查处理。

第三十八条 销售者违反本办法第七条第一、二款、第十六条、第十八条规定，食用农产品贮存和运输受托方违反本办法第十七条、第十八条规定，有下列情形之一的，由县级以上市场监督管理部门责令改正，给予警告；拒不改正的，处五千元以上三万元以下罚款：

（一）销售和贮存场所环境、设施、设备等不符合食用农产品质量安全要求的；

（二）销售、贮存和运输对温度、湿度等有特殊要求的食用农产品，未配备必要的保温、冷藏或者冷冻等设施设备并保持有效运行的；

（三）贮存期间未定期检查，及时清理腐败变质、油脂酸败、霉变生虫或者感官性状异常的食用农产品的。

第三十九条 有下列情形之一的，由县级以上市场监督管理部门依照食品安全法第一百二十六条第一款的规定给予处罚：

（一）销售者违反本办法第八条第一款规定，未按要求建立食用农产品进货查验记录制度，或者未按要求索取进货凭证的；

（二）销售者违反本办法第八条第二款规定，采购、销售按规定应当检疫、检验的肉类或进口食用农产品，未索取或留存相关证明文件的；

（三）从事批发业务的食用农产品销售企业违反本办法第十一条规定，未按要求建立食用农产品销售记录制度的。

第四十条 销售者违反本办法第十二条、第十三条规定，未按要求标明食用农产品相关信息的，由县级以上市场监督管理部门责令改正；拒不改正的，处二千元以上一万元以下罚款。

第四十一条　销售者违反本办法第十四条规定，加工、销售即食食用农产品，未采取有效措施做好食品安全防护，造成污染的，由县级以上市场监督管理部门责令改正；拒不改正的，处五千元以上三万元以下罚款。

第四十二条　销售者违反本办法第十五条规定，采购、销售食品安全法第三十四条规定情形的食用农产品的，由县级以上市场监督管理部门依照食品安全法有关规定给予处罚。

第四十三条　集中交易市场开办者违反本办法第十九条、第二十四条规定，未按规定建立健全食品安全管理制度，或者未按规定配备、培训、考核食品安全总监、食品安全员等食品安全管理人员的，由县级以上市场监督管理部门依照食品安全法第一百二十六条第一款的规定给予处罚。

第四十四条　集中交易市场开办者违反本办法第二十条第一款规定，未按要求向所在地县级市场监督管理部门如实报告市场有关信息的，由县级以上市场监督管理部门依照食品安全法实施条例第七十二条的规定给予处罚。

第四十五条　集中交易市场开办者违反本办法第二十条第二款、第二十一条、第二十三条规定，有下列情形之一的，由县级以上市场监督管理部门责令改正；拒不改正的，处五千元以上三万元以下罚款：

（一）未按要求建立入场销售者档案并及时更新的；

（二）未按照食用农产品类别实施分区销售，经营条件不符合食品安全要求，或者未按规定对市场经营环境和条件进行定期检查和维护的；

（三）未按要求查验入场销售者和入场食用农产品的相关凭证信息，允许无法提供进货凭证的食用农产品入场销售，或者对无法提供食用农产品质量合格凭证的食用农产品未经抽样检验合格即允许入场销售的。

第四十六条　集中交易市场开办者违反本办法第二十五条第二款规定，抽检发现场内食用农产品不符合食品安全标准，未按要求处理并报告的，由县级以上市场监督管理部门责令改正；拒不改正的，处五千元以上三万元以下罚款。

集中交易市场开办者违反本办法第二十六条规定，未按要求公布食用农产品相关信息的，由县级以上市场监督管理部门责令改正；拒不改正的，处二千元以上一万元以下罚款。

第四十七条 批发市场开办者违反本办法第二十五条第一款规定，未依法对进入该批发市场销售的食用农产品进行抽样检验的，由县级以上市场监督管理部门依照食品安全法第一百三十条第二款的规定给予处罚。

批发市场开办者违反本办法第二十七条规定，未按要求向入场销售者提供统一格式的销售凭证或者指导入场销售者自行印制符合要求的销售凭证的，由县级以上市场监督管理部门责令改正；拒不改正的，处五千元以上三万元以下罚款。

第四十八条 销售者履行了本办法规定的食用农产品进货查验等义务，有充分证据证明其不知道所采购的食用农产品不符合食品安全标准，并能如实说明其进货来源的，可以免予处罚，但应当依法没收其不符合食品安全标准的食用农产品；造成人身、财产或者其他损害的，依法承担赔偿责任。

第四十九条 本办法下列用语的含义：

食用农产品，指来源于种植业、林业、畜牧业和渔业等供人食用的初级产品，即在农业活动中获得的供人食用的植物、动物、微生物及其产品，不包括法律法规禁止食用的野生动物产品及其制品。

即食食用农产品，指以生鲜食用农产品为原料，经过清洗、去皮、切割等简单加工后，可供人直接食用的食用农产品。

食用农产品集中交易市场，是指销售食用农产品的批发市场和零售市场（含农贸市场等集中零售市场）。

食用农产品集中交易市场开办者，指依法设立、为食用农产品批发、零售提供场地、设施、服务以及日常管理的企业法人或者其他组织。

食用农产品销售者，指通过固定场所销售食用农产品的个人或者企业，既包括通过集中交易市场销售食用农产品的入场销售者，也包括销售食用农产品的商场、超市、便利店等食品经营者。

第五十条 食品摊贩等销售食用农产品的具体管理规定由省、自治区、直辖市制定。

第五十一条 本办法自 2023 年 12 月 1 日起施行。2016 年 1 月 5 日原国家食品药品监督管理总局令第 20 号公布的《食用农产品市场销售质量安全监督管理办法》同时废止。

垂钓园水产品质量安全控制规范

选自北京市地方标准 DB11/T 2431—2025。

1 范围

本文件规定了垂钓园水产品质量安全控制要素及控制措施的要求。
本文件适用于北京市垂钓园食用水产品质量安全控制。

2 规范性引用文件

下列文件中的内容通过文中的规范性引用而构成本文件必不可少的条款。其中，注日期的引用文件，仅该日期对应的版本适用于本文件；不注日期的引用文件，其最新版本（包括所有的修改单）适用于本文件。

GB 2733　食品安全国家标准　鲜、冻动物性水产品
GB 11607　渔业水质标准
GB/T 27638　活鱼运输技术规范
GB/T 30891　水产品抽样规范
NY/T 3616　水产养殖场建设规范
SC/T 1077　渔用配合饲料通用技术要求
SC/T 5061　人工钓饵
SC/T 7015　病死水生动物及病害水生动物产品无害化处理规范
DB11/ 307　水污染物综合排放标准
DB11/T 1764.5　用水定额　第5部分：水产养殖

3 术语和定义

下列术语和定义适用于本文件。

3.1 人工钓饵　Groundbait

以各种动物性、植物性、微生物性原料为基础，辅以添加剂，经工业化加工、制作的，用于垂钓活动的饵料产品。
［来源：SC/T 5061，3.1］

3.2 窝饵 Bait for attracting fish

用于垂钓聚鱼留鱼的钓饵。

3.3 钓位 Angler positioning

为钓手进行垂钓活动提供的特定位置。

3.4 钓获物 Catch

垂钓活动钓获的水生动物。

4 控制要素

垂钓园水产品质量安全控制涉及垂钓经营准备、垂钓管理及通用环节，包括垂钓池环境等14个控制要素，用水要求等25个控制点，见表7-1。

表7-1 垂钓园水产品质量安全控制要素

环节	控制要素	控制点
垂钓经营准备	垂钓池环境	用水要求
		底质要求
	消毒	消毒
	放养管理	水生动物来源控制
		运输
		放养
		放养记录
垂钓管理	投入品管理	投入品管理
	垂钓用品管理	垂钓器具
		人工钓饵和窝饵
	日常管理	巡查与检查
		垂钓记录
		工具消毒
		排水要求
	质量安全检测	检测要求
		检测记录
	钓获物销售	钓获物销售
	追溯管理	追溯管理

(续表)

环节	控制要素	控制点
通用环节	废弃物收集处理	废弃物收集处理
通用环节	人员管理	人员健康
通用环节	人员管理	人员培训
通用环节	人员管理	人员档案
通用环节	智能化设施设备	智能化设施设备
通用环节	生产过程检查	生产过程检查
通用环节	记录管理	记录管理

5 控制措施

5.1 垂钓经营准备

5.1.1 垂钓池环境

5.1.1.1 用水要求

水源和养殖用水应符合 GB 11607 的规定。用水量应符合 DB11/T 1764.5 的规定。

5.1.1.2 底质要求

应符合 NY/T 3616 的规定。

5.1.2 消毒

应对池塘及钓位等区域进行消毒。

5.1.3 放养管理

5.1.3.1 水生动物来源控制

应满足以下要求：

——宜优先采用自养水生动物，或购买具有农产品质量安全承诺达标合格证的水产品；

——应符合 GB 2733 的规定；

——应进行质量安全委托检测或自主检测，抽样应符合 GB/T 30891 的规定；

——应将购买凭证、农产品质量安全承诺达标合格证、自主检测记录、委托检测报告等相关证明文件及时存档，备查。

5.1.3.2 运输

应符合 GB/T 27638 的规定。

5.1.3.3 放养

放养品种可根据经营特色自主选择，密度合理。放养前，应对水生动物进行消毒。

5.1.3.4 放养记录

应建立放养记录，包括：放养时间、池塘编号、品种、数量、规格、来源和产品质量合格凭证等信息，见附录 A。

5.2 垂钓管理

5.2.1 投入品管理

使用的兽药、饲料等投入品应从正规渠道购买；兽药应符合附录 B 的要求，并严格按照各兽药产品说明书的规定使用；饲料应符合 SC/T 1077 的规定。

5.2.2 垂钓用品管理

5.2.2.1 垂钓器具

宜对钓钩、钓线、浮漂、抄网等器具进行消毒。

5.2.2.2 人工钓饵和窝饵

应满足以下要求：

——垂钓园及垂钓者应使用符合 SC/T 5061 要求的人工钓饵、窝饵；

——垂钓园应对垂钓者自备的人工钓饵、窝饵进行快速检测，及时制止使用未经检测或检测不合格的人工钓饵、窝饵。

5.2.3 日常管理

5.2.3.1 巡查与检查

每日坚持专人巡查垂钓区域，检查钓位、救生设施等完好情况，发现异常及时采取措施。

5.2.3.2 垂钓记录

记录各垂钓池每日垂钓水产品品种、重量及销售去向等。

5.2.3.3 工具消毒

定期对养殖工具进行消毒。

5.2.3.4 排水要求

排水应经过自行净化处理或邻近污水处理站处理，排放水应符合 DB11/307 的规定。

5.2.4 质量安全检测

5.2.4.1 检测要求

应定期开展水产品质量安全委托检测或自主检测，抽样符合 GB/T 30891 的规定。

5.2.4.2 检测记录

建立垂钓园水产品质量安全受检记录，包括：抽样时间、检验类型（监管部门抽样检测、委托检测或自主检测等）、样品名称、检测池塘编号、检测项目、检测结果等信息。

5.2.5 钓获物销售

应符合 GB 2733 的要求。

5.2.6 追溯管理

建立追溯制度，如实填写水生动物来源、放养记录、养殖记录、用药记录、检测记录及销售记录等。使用的投入品宜留样，以备追溯。

5.3 通用环节

5.3.1 废弃物收集处理

应对投入品包装、被遗弃的人工钓饵、生活垃圾及病死鱼等分类存放，并及时处理。病死鱼应按 SC/T 7015 的规定进行处理。保留处理档案记录，记载日期、类型、数量、处置方式及操作人等信息。

5.3.2 人员管理

5.3.2.1 人员健康

垂钓园应制定员工健康安全计划，建立员工健康安全档案。

5.3.2.2 人员培训

员工应经过培训，内容应至少包括安全知识、钓饵相关知识、良好卫生要求、急救知识、自我防护等。

5.3.2.3 人员档案

应建立人员档案,至少包含人员资质、健康情况、培训记录等信息。

5.3.3 智能化设施设备

宜安装视频监控系统、水质监测等智能化设施设备。

5.3.4 生产过程检查

应对照表 7-1,对垂钓过程及相关记录进行检查,发现问题(隐患)及时整改。检查时应建立生产过程检查记录,至少包括检查内容、检查结果(发现问题)、整改措施、检查人、检测日期等信息。

5.3.5 记录管理

宜安排专人负责记录管理,定期收集各环节的生产和质量安全记录,并对照相关要求检查记录填写的完整性、规范性,妥善保存不少于 2 年。

附录 A
（资料性）
垂钓园水生动物放养记录

A.1 垂钓园水生动物放养记录表样式见表 A.1

表 A.1 垂钓园水生动物放养记录

垂钓园名称：　　　　　　　　　　　　　　　　　池塘编号：

放养时间	放养品种	来源	放养数量	放养规格	产品质量合格凭证	
					凭证名称	存放位置

附录 B
（规范性）
水产养殖用药明白纸

B.1 水产养殖食用动物中禁止使用的药品及其他化合物清单

水产养殖食用动物中禁止使用的药品及其他化合物清单见表 B.1。

表 B.1 水产养殖食用动物中禁止使用的药品及其他化合物清单

序号	名称
1	酒石酸锑钾（Antimony potassium tartrate）
2	β-兴奋剂（β-agonists）类及其盐、酯
3	汞制剂：氯化亚汞（甘汞）（Calomel）、醋酸汞（Mercurous acetate）、硝酸亚汞（Mercurous nitrate）、吡啶基醋酸汞（Pyridyl mercurous acetate）
4	毒杀芬（氯化烯）（Camahechlor）
5	卡巴氧（Carbadox）及其盐、酯
6	呋喃丹（克百威）（Carbofuran）
7	氯霉素（Chloramphenicol）及其盐、酯
8	杀虫脒（克死螨）（Chlordimeform）
9	氨苯砜（Dapsone）
10	硝基呋喃类：呋喃西林（Furacilinum）、呋喃妥因（Furadantin）、呋喃它酮（Furaltadone）、呋喃唑酮（Furazolidone）、呋喃苯烯酸钠（Nifurstyrenate sodium）
11	林丹（Lindane）
12	孔雀石绿（Malachite green）
13	类固醇激素：醋酸美仑孕酮（Melengestrol Acetate）、甲基睾丸酮（Methyltestosterone）、群勃龙（去甲雄三烯醇酮）（Trenbolone）、玉米赤霉醇（Zeranal）
14	安眠酮（Methaqualone）
15	硝呋烯腙（Nitrovin）
16	五氯酚酸钠（Pentachlorophenol sodium）
17	硝基咪唑类：洛硝达唑（Ronidazole）、替硝唑（Tinidazole）
18	硝基酚钠（Sodium nitrophenolate）

(续表)

序号	名称
19	己二烯雌酚（Dienoestrol）、己烯雌酚（Diethylstilbestrol）、己烷雌酚（Hexoestrol）及其盐、酯
20	锥虫砷胺（Tryparsamile）
21	万古霉素（Vancomycin）及其盐、酯

B.2 水产养殖食用动物中停止使用的兽药

水产养殖食用动物中停止使用的兽药见表 B.2。

表 B.2 水产养殖食用动物中停止使用的兽药

序号	名称
1	洛美沙星、培氟沙星、氧氟沙星、诺氟沙星 4 种兽药的原料药的各种盐、酯及其各种制剂
2	噬菌蛭弧菌微生态制剂（生物制菌王）
3	喹乙醇、氨苯砷酸、洛克沙肿 3 种兽药的原料药及各种制剂

B.3 不得在食用水产品中检出的兽药

不得在食用水产品中检出的兽药见表 B.3。

表 B.3 不得在食用水产品中检出的兽药

序号	名称	残留标志物
1	氯丙嗪（Chlorpromazine）	氯丙嗪（Chlorpromazine）
2	地西泮（安定）（Diazepam）	地西泮（Diazepam）
3	地美硝唑（Dimetridazole）	地美硝唑（Dimetridazole）
4	苯甲酸雌二醇（Estradiol Benzoate）	雌二醇（Estradiol）
5	甲硝唑（Metronidazole）	甲硝唑（Metronidazole）
6	苯丙酸诺龙（Nadrolone Phenylpropionate）	诺龙（Nadrolone）
7	丙酸睾酮（Testosterone Propinate）	睾酮（Testosterone）

B.4 已批准的水产养殖用兽药

已批准的水产养殖用兽药见表 B.4。

表 B.4 已批准的水产养殖用兽药

序号	名称	依据	休药期
抗菌药			
1	甲砜霉素粉*	A	500 度日
2	氟苯尼考粉*	A	375 度日
3	氟苯尼考注射液*	A	375 度日
4	氟甲喹粉	B	175 度日
5	恩诺沙星粉（水产用）*	B	500 度日
6	盐酸多西环素粉（水产用）*	B	750 度日
7	维生素 C 磷酸酯镁盐酸环丙沙星预混剂*	B	500 度日
8	盐酸环丙沙星盐酸小檗碱预混剂*	B	500 度日
9	硫酸新霉素粉（水产用）*	B	500 度日
10	磺胺间甲氧嘧啶钠粉（水产用）*	B	500 度日
11	复方磺胺嘧啶粉（水产用）*	B	500 度日
12	复方磺胺甲噁唑粉（水产用）*	B	500 度日
13	复方磺胺二甲嘧啶粉（水产用）*	B	500 度日
抗真菌药			
14	复方甲霜灵粉	C2505	240 度日
抗寄生虫药			
15	复方甲苯咪唑粉	A	150 度日
16	甲苯咪唑溶液（水产用）*	B	500 度日
17	地克珠利预混剂（水产用）	B	500 度日
18	阿苯达唑粉（水产用）	B	500 度日
19	吡喹酮预混剂（水产用）	B	500 度日
20	辛硫磷溶液（水产用）*	B	500 度日
21	敌百虫溶液（水产用）	B	500 度日
22	精制敌百虫粉（水产用）*	B	500 度日
23	盐酸氯苯胍粉（水产用）	B	500 度日
24	氯硝柳胺粉（水产用）	B	500 度日
25	硫酸锌粉（水产用）	B	无须制定

（续表）

序号	名称	依据	休药期
26	硫酸锌三氯异氰脲酸粉（水产用）	B	无须制定
27	硫酸铜硫酸亚铁粉（水产用）	B	无须制定
28	氰戊菊酯溶液（水产用）*	B	500度日
29	溴氰菊酯溶液（水产用）*	B	500度日
30	高效氯氰菊酯溶液（水产用）*	B	500度日
消毒剂			
31	三氯异氰脲酸粉	B	无须制定
32	三氯异氰脲酸粉（水产用）	B	无须制定
33	浓戊二醛溶液（水产用）	B	无须制定
34	稀戊二醛溶液（水产用）	B	无须制定
35	戊二醛苯扎溴铵溶液（水产用）	B	无须制定
36	次氯酸钠溶液（水产用）	B	无须制定
37	过碳酸钠（水产用）	B	无须制定
38	过硼酸钠粉（水产用）	B	0度日
39	过氧化钙粉（水产用）	B	无须制定
40	过氧化氢溶液（水产用）	B	无须制定
41	含氯石灰（水产用）	B	无须制定
42	苯扎溴铵溶液（水产用）	B	无须制定
43	癸甲溴铵碘复合溶液	B	无须制定
44	高碘酸钠溶液（水产用）	B	无须制定
45	蛋氨酸碘粉	B	虾0度日
46	蛋氨酸碘溶液	B	鱼、虾0度日
47	硫代硫酸钠粉（水产用）	B	无须制定
48	硫酸铝钾粉（水产用）	B	无须制定
49	碘附（Ⅰ）	B	无须制定
50	复合碘溶液（水产用）	B	无须制定
51	溴氯海因粉（水产用）	B	无须制定
52	聚维酮碘溶液（Ⅱ）	B	无须制定
53	聚维酮碘溶液（水产用）	B	500度日
54	复合亚氯酸钠粉	C2059 C2236	无须制定
55	复合亚氯酸钠泡腾片	D658	无须制定
56	过硫酸氢钾复合物粉	D396	无须制定

(续表)

序号	名称	依据	休药期
中成药			
57	大黄末	A	无须制定
58	大黄芩鱼散	A	无须制定
59	虾蟹脱壳促长散	A	无须制定
60	穿梅三黄散	A	无须制定
61	蚌毒灵散	A	无须制定
62	七味板蓝根散	B	无须制定
63	大黄末（水产用）	B	无须制定
64	大黄解毒散	B	无须制定
65	大黄芩蓝散	B	无须制定
66	大黄侧柏叶合剂	B	无须制定
67	大黄五倍子散	B	无须制定
68	三黄散（水产用）	B	无须制定
69	山青五黄散	B	无须制定
70	川楝陈皮散	B	无须制定
71	六味地黄散（水产用）	B	无须制定
72	六味黄龙散	B	无须制定
73	双黄白头翁散	B	无须制定
74	双黄苦参散	B	无须制定
75	五倍子末	B	无须制定
76	石知散（水产用）	B	无须制定
77	龙胆泻肝散（水产用）	B	无须制定
78	加减消黄散（水产用）	B	无须制定
79	百部贯众散	B	无须制定
80	地锦草末	B	无须制定
81	地锦鹤草散	B	无须制定
82	芪参散	B	无须制定
83	驱虫散（水产用）	B	无须制定
84	苍术香连散（水产用）	B	无须制定
85	扶正解毒散（水产用）	B	无须制定
86	肝胆利康散	B	无须制定
87	连翘解毒散	B	无须制定

（续表）

序号	名称	依据	休药期
88	板黄散	B	无须制定
89	板蓝根末	B	无须制定
90	板蓝根大黄散	B	无须制定
91	青莲散	B	无须制定
92	青连白贯散	B	无须制定
93	青板黄柏散	B	无须制定
94	苦参末	B	无须制定
95	虎黄合剂	B	无须制定
96	虾康颗粒	B	无须制定
97	柴黄益肝散	B	无须制定
98	根莲解毒散	B	无须制定
99	清健散	B	无须制定
100	清热散（水产用）	B	无须制定
101	脱壳促长散	B	无须制定
102	黄连解毒散（水产用）	B	无须制定
103	黄芪多糖粉	B	无须制定
104	银翘板蓝根散	B	无须制定
105	雷丸槟榔散	B	无须制定
106	蒲甘散	B	无须制定
107	博落回散	C2374	无须制定
108	银黄可溶性粉	C2415	无须制定
109	肝胆口服液	D658	无须制定
110	香连溶液	D681	无须制定
111	青甘大黄散	D772	无须制定
112	锦心口服液	D804	无须制定
疫苗			
113	草鱼出血病灭活疫苗	A	无须制定
114	草鱼出血病活疫苗（GCHV-892 株）	B	无须制定
115	牙鲆鱼溶藻弧菌、鳗弧菌、迟缓爱德华菌病多联抗独特型抗体疫苗	B	无须制定
116	嗜水气单胞菌败血症灭活疫苗	B	无须制定
117	大菱鲆迟钝爱德华氏菌活疫苗（EIBAV1 株）	C2270	无须制定

(续表)

序号	名称	依据	休药期
118	大菱鲆鳗弧菌基因工程活疫苗（MVAV6203株）	D158	无须制定
119	鳜传染性脾肾坏死病灭活疫苗（NH0618株）	D253	无须制定
维生素			
120	亚硫酸氢钠甲萘醌粉（水产用）	B	无须制定
121	维生素C钠粉（水产用）	B	无须制定
激素			
122	注射用促黄体素释放激素A2	B	无须制定
123	注射用促黄体素释放激素A3	B	无须制定
124	注射用复方鲑鱼促性腺激素释放激素类似物	B	无须制定
125	注射用复方绒促性素A型（水产用）	B	用药后亲鱼禁止食用
126	注射用复方绒促性素B型（水产用）	B	用药后亲鱼禁止食用
127	注射用绒促性素（I）	B	无须制定
128	鲑鱼促性腺激素释放激素类似物	D520	无须制定
129	注射用重组绒促性素	D699	无须制定
130	多潘立酮注射液	B	无须制定
其他			
131	盐酸甜菜碱预混剂（水产用）	B	0度日

注：1. "依据"中代码：A代表《中国兽药典》2020年版，B代表《兽药质量标准》2017年版，C代表农业农村部公告，D代表农业农村部公告；

2. 休药期中"度日"是指水温与停药天数乘积，如某种兽药休药期为500度日，当水温25摄氏度，至少需停药20日，即25摄氏度×20日＝500度日；

3. 带＊的为兽用处方药，须凭借执业兽医开具的处方购买和使用。

关于发布《淡水人工钓场自律守则》的通知
休闲垂钓协会（休钓协〔2023〕53号）

协会会员单位、各有关单位：

近年来，我国休闲垂钓活动日益增多，各地陆续建设了一批休闲垂钓场所。据监测，2022年我国淡水休闲渔业垂钓及采集业营业额达到220亿元，淡水休闲垂钓产业持续发展的同时，部分垂钓场存在管理服务不到位，场区环境脏乱差等问题，为此，为规范钓场管理，提高服务水平，我会起草了《淡水人工钓场自律守则》，根据有关专家、协会及钓场经营企业意见进行了修改完善，现决定发布。本《守则》自发布之日起施行。

附件：《淡水人工钓场自律守则》

附件

淡水人工钓场自律守则

为规范淡水人工钓场生产，提高钓场管理水平，打造休闲渔业品牌，为广大休闲垂钓爱好者提供舒适、安全的垂钓服务，提升产业可持续发展能力，制定本守则。

1. 本守则所指淡水人工钓场是指符合相关规划和生态环境保护要求，在池塘、湖泊、水库、河流等水域建设，具备开展垂钓活动所需条件和规模的淡水人工垂钓经营场所及配套设施。守则适用于休闲垂钓协会会员、垂钓经营场所等有关单位。

2. 钓场选址符合国土空间、养殖水域滩涂等规划，具有合法的土地和水域使用手续及经营资质。垂钓经营者具备独立法人资格，具有独立承担民事和刑事责任的能力。

3. 钓场环境优美宜人，水源稳定，水质良好，生产用水达到《无公害食品 淡水养殖用水水质》等标准。场区功能设计科学，分区合理，标识明确。设施设备运行良好，配套设施齐全，水、电、路、网等设施完善。

4. 垂钓区域干净整洁，遗弃的钓饵、钓获物以及垃圾等分类收集，及时清理。厕所及其他卫生设备设施布局合理，符合有关要求，无杂物，无异味。场区排水符合当地排放标准。

5. 钓台钓位布置规范，钓位保持适宜间隔大于 2 m，前后间隔大于 3 m，醒目位置画设标识线及编号。钓台钓位建设满足承载人数等要求，使用的材料及配件等符合质量、强度和浮力标准。

6. 钓场内安全警示等各种标识规范、醒目、完备，规范设置防护栏、救生救援、消防、防盗、避雷等设施，确保功能完好且处于有效期。制定并全面落实突发事件应急预案制度，营业高峰期通过分时段、分区域等方法控制客流量，避免过度聚集。

7. 钓场生产经营规范合法，计量准确，收费合理。有健全的管理机构、明确的职责分工、完善的管理制度。钓场应提供相关意外险或钓鱼综合保险的购买渠道，并提示游客购买。钓场不得从事钓鱼赌博等非法活动，钓场内使用的饵料、窝料不得非法添加地西泮等禁用药品，出售的食用水产品应确保质量安全，落实钓场经营者水产品质量安全主体责任。

8. 根据垂钓项目和垂钓方式，配备相应数量的水上交通工具和船舶驾驶员、安全员、导钓员等。水上工作者应定期接受安全知识和安全技能培训，作业期间禁止穿拖鞋、应穿救生衣，救生衣应符合国家相关标准。

9. 船舶驾驶员须取得相应的《内河船舶船员适任证书》等适任证书，熟悉钓位分布和运营路线，开船前进行船舶及人员安全检查。在钓场规定的航区内作业，不在风力、浪高超过船只安全航运范围时出航，不酒后驾驶、疲劳驾驶。安全员须参加有资质机构组织的培训，指导垂钓者正确穿戴救生衣，讲解安全须知和注意事项，了解医疗常识，具备基础急救技能，熟悉钓场救援线路及设施。导钓员须经专门培训后上岗，熟悉珍贵、濒危水生野生动物及相关保护要求和垂钓文化。

10. 设有餐饮场所的垂钓餐饮管理符合有关要求，住宿等相关设施按照有关要求执行。娱乐设施具备合格证书并定期维护，无安全隐患。

休闲渔庄经营与服务规范

选自北京市地方标准 DB11/T 2391—2025。

1 范围

本文件规定了休闲渔庄经营与服务的基本要求、经营分区、环境景观、休闲服务、服务管理与改进的要求。

本文件适用于休闲渔庄经营与服务。

2 规范性引用文件

下列文件中的内容通过文中的规范性引用而构成本文件必不可少的条款。其中，注日期的引用文件，仅该日期对应的版本适用于本文件；不注日期的引用文件，其最新版本（包括所有的修改单）适用于本文件。

GB 2894　安全标志及其使用导则

GB 11607　渔业水质标准

GB 50039　农村防火规范

LB/T 063　旅游经营者处理投诉规范

NY/T 2366　休闲农庄建设规范

NY/T 2857　休闲农业术语、符号规范

SC/T 1132　渔药使用规范

SC/T 5061　人工钓饵

SC/T 6048　淡水养殖池塘设施要求

SC/T 7015　病死水生动物及病害水生动物产品无害化处理规范

DB11/ 307　水污染物综合排放标准

DB11/T 736　锦鲤养殖技术规范

DB11/T 924　观赏鱼养殖技术规范

DB11/T 1764.5　用水定额　第5部分：水产养殖

DB11/T 1869　池塘养殖通用技术规范

DB11/T 2012　淡水鱼养殖质量安全控制规范

3 术语和定义

NY/T 2857 界定的以及下列术语和定义适用于本文件。

3.1 休闲渔庄 Leisure fish farm

以渔业养殖生产为载体，通过资源优化配置，将休闲垂钓、休闲观景、渔事体验、科普展示及水产品加工等渔业生产经营服务活动有机结合的场所。

3.2 休闲垂钓池 Fishing pond

用于开展休闲垂钓活动的池塘。

3.3 钓位 Fishing spot

供垂钓人进行垂钓操作的点位。

3.4 渔事体验 Fishing experience

游客亲身参与的体验式捕捞、体验式渔业生产等非生产性渔业活动。

4 基本要求

4.1 应符合相关国土空间规划，休闲渔庄周边及内部土地、水质、环境无污染。

4.2 各项设施及服务应保障消费者人身安全，配套服务设施应按照 NY/T 2366 的规定执行。

4.3 根据休闲渔庄的综合发展需要，结合北京各地域特点和资源情况，因地制宜地规划垂钓、渔事体验、科普展示、养殖生产、水产品加工等经营分区，根据实际情况和特色展示需要，可以增加、删减和创新分区规划。

4.4 垂钓使用的钓饵应符合 SC/T 5061 的要求。

4.5 养殖用水排放应符合 DB11/ 307 的要求，病死水生动物及病害水生动物产品无害化处理按照 SC/T 7015 的规定执行。

5 经营分区

5.1 入口区

5.1.1 方便游客进入，按人流和车流各行其道的原则，实行人车分离。

5.1.2 应包括入口门景、服务建筑、导览牌、停车场等。

5.2 垂钓区

5.2.1 休闲垂钓池

5.2.1.1 休闲垂钓池形状和规格应根据渔庄总体规划设计,池深宜为 2.0 m~2.5 m,水深应控制在 1.5 m~2.0 m。

5.2.1.2 池壁、岸边不应有尖锐突出物,也不宜用防水布、塑胶等光滑材料,每侧应设有上下台阶,埂岸顶部应硬化处理,池埂宽度不小于 2 m。

5.2.1.3 室内垂钓池墙壁应距池边 2 m 以上,顶高 5 m 以上。

5.2.1.4 休闲垂钓池应远离高压线等输送电设施。

5.2.1.5 水质应符合 GB 11607 的要求,并定期对养殖用水相关指标进行监测;垂钓池应不含有毒有害物质,具有防渗功能,用水量应符合 DB11/T 1764.5 的要求。

5.2.2 钓位

5.2.2.1 钓位可设于池塘四周,亦可在池塘中间加设钓位长廊。钓位设置保持安全距离,相邻钓位间距不宜小于 3 m。

5.2.2.2 钓位宜具有长度不低于 1.0 m,宽度不低于 1.0 m 的平整坚实的平面,该平面与重力线的夹角介于 85°~95°。表面防滑,安置稳固,不因受力而摇晃,承重能力不小于 150 kg。

5.2.2.3 钓位应清晰地标出中心点、范围及钓位编号,编号与钓位一一对应,不重复。

5.3 渔事体验区

5.3.1 用于游客参与渔事体验活动的场所,应考虑游客安全与游客容量。

5.3.2 投喂观赏区应设置安全护栏。

5.3.3 捕捞区池底做防滑处理,儿童渔事体验区水深 0.3 m~0.5 m,池壁无突出物。

5.4 科普展示区

5.4.1 用于展示水生动物品种、养殖技术、渔文化等内容的场所,应具有观赏性、知识性、科普性、趣味性。

5.4.2 宜配备科普文字、图片说明、语音解说或人员讲解。

5.5 养殖生产区

5.5.1 垂钓鱼和观赏鱼应购自有资质且具备生产许可证或经营利用许可证

的企业,并检验检疫合格。

5.5.2 采购时,应建立垂钓鱼和观赏鱼采购记录,包括品种、来源地、数量、平均规格或体重、检疫证明等内容。

5.5.3 垂钓鱼宜选择适宜垂钓的水产动物品种,养殖管理应按照 DB11/T 1869 的规定执行。

5.5.4 观赏鱼宜选择观赏性强的水产动物品种,锦鲤养殖技术应按照 DB11/T 736 的规定执行,其他观赏鱼养殖技术应按照 DB11/T 924 的规定执行。

5.5.5 渔药使用应按 SC/T 1132 的规定执行,使用经国家批准的渔药,按产品说明书的要求使用,严格执行休药期,并应按 DB11/T 2012 的要求填写投入品使用记录。

5.5.6 应定期对垂钓鱼进行质量安全自检或委托检测,产品质量应符合相关标准。

5.5.7 应建立追溯制度和水产品召回制度,如实记录养殖生产过程,不合格的水产品应及时召回,并进行相应处理。

5.6 水产品加工区

5.6.1 用于水产品的初加工和深加工的场所,应符合加工安全卫生要求。

5.6.2 应配备水产品初加工或深加工、废弃物和废水处理等设备和设施。

6 环境景观

6.1 根据自然环境、资源禀赋、人文特点和乡土文化等因地制宜地美化渔庄。

6.2 景观小品的位置、高度、体量、风格、造型、色彩应与整体环境相适应。

6.3 亭、廊、花架、敞厅的高度应考虑游人通过,以及赏景、赏鱼的要求。

6.4 供游人休憩设施,不宜采用粗糙饰面材料及易刮伤肌肤和衣服的构造。

7 休闲服务

7.1 服务提供

7.1.1 服务内容

7.1.1.1 服务内容宜包括垂钓、渔事体验、科普展示、水产品加工以及其他适合游客需求的休闲活动。

7.1.1.2 休闲活动过程中服务人员应向游客讲解有关服务内容、环保要求、渔业常识、安全及救生知识，指导游客开展垂钓、渔事体验等活动。

7.1.2 服务用品

7.1.2.1 垂钓区、渔事体验区、水产品加工区的服务用品可集中统一提供。宜提供安全、环保的钓具、鲜活鱼或水产品盛放容器和包装材料。

7.1.2.2 包装材料的材质符合国家相关食品安全标准的规定。

7.1.2.3 及时维修、更新损坏的钓具、鲜活鱼或其他水产品盛放容器，并进行定期消毒。

7.1.3 售卖

7.1.3.1 垂钓区、渔事体验区、科普展示区、水产品加工区的售卖品和相关服务用品销售价格合理，并明码标价。

7.1.3.2 计量器具应合格，正确使用国家法定计量单位。

7.1.3.3 现场结清需称重的商品，依据《零售商品称重计量监督管理办法》的规定。

7.1.3.4 销售定量包装商品，依据《定量包装商品计量监督管理办法》的规定。

7.2 服务人员

满足以下要求：

——人员数量配置应满足服务要求；

——应办理健康证后持证上岗，并应定期开展知识、管理技能、专业技能等方面培训；

——应仪表端庄、穿着整齐、佩戴服务工牌，尊重游客民族风俗习惯、宗教信仰；

——应遵守职业道德，礼貌服务，对游客热情周到、尊重，诚实守信，保护游客合法权益。

7.3 安全要求

7.3.1 防盗、防护、应急照明、交通、游览等各项设施的防护设备应完好、有效。

7.3.2 按照生产需要安装供配电设施，区域内电闸应配备专门安全闸箱，供电线路覆埋在地下，垂钓区上空、四周不应有电线，垂钓池内及周边各用电设施应单独设立漏电及过载保护开关，并设置专门安全闸箱，配电负荷及用电应符合 SC/T 6048 的要求。

7.3.3 消防通道畅通，消防设施和器材应完好有效，消防安全应符合 GB 50039 的要求。

7.3.4 垂钓区、渔事体验区应配备安全救援人员、救生设备以及渔具消毒设施，并配置一般性的医疗医药。

7.3.5 渔事体验区宜配备捕捞工具和防护装备。

7.4 标识要求

7.4.1 公共服务标识系统完善，标识标牌布设合理，应按照 NY/T 2857 设置公共信息图形符号和标志。

7.4.2 在易发生危险的设施、地段等应设立明显的安全警示牌，安全标志符合 GB 2894 的要求。

8 服务管理与改进

8.1 应制定相关制度和服务标准，并上墙张贴。明确服务管理办法、服务质量评价管理办法和服务改进机制。

8.2 应对服务质量进行监督，宜采集、统计游客对休闲服务的满意度，定期分析游客意见和建议，持续改进。

8.3 应设置咨询、质量监督/投诉电话，游客问询能得到及时解答。游客投诉处理符合 LB/T 063 的要求。

参考文献

北京市环境保护局，2013. 水污染物综合排放标准：DB11/ 307—2013 [S]. 北京：中国标准出版社.

北京市农业农村局，2021. 池塘养殖通用技术规范：DB11/T 1869—2021 [S]. 北京：中国标准出版社.

北京市农业农村局，2022. 用水定额　第5部分：水产养殖：DB11/T 1764.5—2022 [S]. 北京：中国标准出版社.

陈海洋，吴晓峰，郑光明，等，2021. 垂钓场所视频监控系统关键技术研究 [J]. 中国安防（11）：73-78.

陈少峰，吴晓燕，刘洋，2021. 垂钓型池塘生态养殖模式及管理要点 [J]. 中国水产（8）：62-65.

陈卫东，2020. 现代垂钓安全手册 [M]. 广州：广东科技出版社.

丁宇宁，李敏，张亚飞，等，2017. 渔用钓饵研究概述 [J]. 渔业研究，39（3）：238-244.

高雷，刘明典，田辉伍，等，2023. 江垂钓渔业调查研究 [J]. 水产学报，47（2）：293-305.

国家标准局，1984. 人造冰：SC/T 9001—1984 [S]. 北京：中国标准出版社.

国家环境保护局，1989. 渔业水质标准：GB 11607—1989 [S]. 北京：中国标准出版社.

国家环境保护总局，2002. 地表水环境质量标准：GB 3838—2002 [S]. 北京：中国标准出版社.

国家环境保护总局，2014. 水处理厂运行维护技术规范：HJ 2038—2014 [S]. 北京：中国环境出版社.

国家食品药品监督管理总局，2017. 水产品中孔雀石绿的快速检测　胶体金免疫层析法：KJ 201701［S］. 北京：中国标准出版社.

国家食品药品监督管理总局，2017. 水产品中硝基呋喃类代谢物的快速检测　胶体金免疫层析法：KJ 201705［S］. 北京：中国标准出版社.

国家食品药品监督管理总局，2019. 水产品中地西泮残留的快速检测　胶体金免疫层析法：KJ 202105［S］. 北京：中国标准出版社.

国家食品药品监督管理总局，2019. 水产品中氯霉素的快速检测　胶体金免疫层析法：KJ 201905［S］. 北京：中国标准出版社.

国家食品药品监督管理总局，2023. 动物源性食品中四环素类药物的快速检测　胶体金免疫层析法：KJ 202303［S］. 北京：中国标准出版社.

国家市场监督管理总局，2021. 农产品质量安全检测机构考核办法［R/OL］.http：//www. moa. gov. cn/ztzl/zjyqwgz/acfg/201407/t20140710_3963970. htm.

胡建恩，姜燕蓉，尤海琳，等，2019. 不同基质钓饵对鱼类上钩率的影响分析［J］. 渔业研究，41（2）：153-160.

李海洋，吴晓峰，2021. 人工湿地在水产养殖尾水处理中的研究进展［J］. 中国给水排水，37（10）：45-50.

李明，王建军，2021. 水产养殖投入品留样管理技术研究［J］. 中国水产科学，28（4）：512-518.

李明，王建军，张红梅，2020. 池塘养殖水质调控与底泥处理技术研究进展［J］. 水产科学，39（5）：789-795.

李明哲，2021. 休闲垂钓场智能化建设与管理［M］. 北京：中国农业出版社.

李强，赵志刚，周晓燕，等，2023. 智能投饵机在休闲垂钓场的应用试验［J］. 渔业现代化，51（1）：45-50.

李有强，2020. 钓与中国古代知识人诗意栖居［J］. 东北农业大学学报（社会科学版），18（5）：63-72.

刘建华，孙伟，2022. 水产养殖中常用消毒剂的应用效果比较［J］. 水产养殖，43（2）：78-82.

刘建华，张明伟，李海军，等，2022. 垂钓用自动增氧控制系统的设计与实现［J］. 自动化与仪表，37（6）：45-49.

刘志勇，2023. 统渔业与休闲渔业浅析［J］. 河北农业（5）：54-55.

全国水产标准化技术委员会，2007. 淡水池塘养殖水排放要求：SC/T 9101—2007［S］. 北京：中国农业出版社.

全国水产标准化技术委员会水产品加工分技术委员会，2011. 活鱼运输技术规范：GB/T 27638—2011［S］. 北京：中国标准出版社.

全国水产技术推广总站，2021. 渔业行业职业技能鉴定指导站. 水生物病害防治员［M］. 北京：中国农业出版社.

全国水产技术推广总站，中国水产学会，2024. 中国休闲渔业发展监测报告（2024）［J］. 中国水产（10）：18-22.

沈媛，孙娟，吴仑，等，2024. 超高效液相色谱串联质谱快速测定人工钓饵中地西泮及其代谢物的含量［J］. 中国饲料（23）：176-181.

汪谦荣，涂必柱，2011. 鱼塘的健康管理模式［J］. 现代农业科技（10）：340-341.

王海燕，张建国，2020. 水产品质量安全标准体系研究进展［J］. 食品科学，41（15）：312-318.

王建国，张海洋，2022. 淡水垂钓水质调控关键技术［M］. 北京：化学工业出版社.

王立新，陈海洋，2021. 水产养殖企业自主检测体系建设探讨［J］. 中国水产（8）：45-48.

王立新，陈海洋，2022. 基于LoRa的垂钓场水质远程监测系统设计［J］. 传感器与微系统，41（3）：98-101.

王立新，陈海洋，吴晓峰，2020. 垂钓园养殖工具消毒管理要点［J］. 科学养鱼（5）：34-36.

王立新，张红梅，2020. 水产养殖废水处理技术及应用［J］. 环境工程，38（4）：112-117.

王伟，陈康，刘洋，等，2021. 夜钓荧光饵料的制备及其诱鱼效果研究［J］. 大连海洋大学学报，36（2）：278-285.

王小童，2023. 中国休闲渔业法律规制研究［D］. 大连：大连海洋大学.

王鑫，吴姗姗，隋江华，等，2022. 外海洋休闲渔业发展现状及其对中国的启示［J］. 中国渔业经济，40（5）：100-108.

王雪，宋成成，赵莹，2023. 水产品质量安全问题及对策分析 [J]. 食品工业，44（3）：121-123.

王泽远，2021. 精神活性物质在鱼类和长江江豚体内的蓄积及对神经化学物质的影响 [D]. 杭州：浙江大学.

吴晓峰，等，2023. 智能视频分析在违规垂钓行为识别中的应用 [J]. 中国安防（5）：67-71.

吴艳玲，葛晨霞，2015. 谈我国休闲渔业的发展 [J]. 吉林农业科技学院学报，15（1）：19-26.

谢春娜，赵娟娜，关艳丽，2010. 场急救 65 例的特点分析与护理 [J]. 护理与康复，9（3）：216-217.

徐静，孙立军，王磊，等，2023. 智慧垂钓园区建设标准体系研究 [J]. 标准科学（5）：89-94.

杨光昕，汤云瑜，程逸凡，等，2022. 饵料中地西泮含量调查及其对水产品养殖影响分析 [J]. 中国渔业质量与标准，12（4）：1-9.

杨光昕，张骏宇，夏薇，等，2025. 垂钓饵料中地西泮在鲫鱼体内代谢及组织分布研究 [J]. 食品安全质量检测学报，16（1）：119-126.

杨杨，宋晗，2022. 闲渔业可持续发展评价体系研究——基于 WSR 方法论 [J]. 北京航空航天大学学报：社会科学版，35（6）：1-10.

尹文林，姚嘉赟，曲焕韬，2022. 水产品中地西泮残留来源和应对措施 [J]. 科学养鱼（9）：51-52.

于秀娟，郝向举，冯天娇，等，2023. 中国休闲渔业发展监测报告（2023）[J]. 中国水产（11）：22-27.

张红梅，陈海洋，2022. 水产品质量安全追溯体系建设与实践 [M]. 北京：中国农业科学技术出版社.

张明，黄海龙，吴启航，等，2022. 基于物联网的垂钓池水质监测系统设计 [J]. 农业工程学报，38（10）：212-219.

张明远，李红梅，2020. 水产品质量安全检测技术研究进展 [J]. 食品科学，41（5）：256-263.

张明远，李红梅，2021. 水产养殖工具消毒技术研究进展 [J]. 中国水产科学，28（3）：456-462.

中国国家标准化管理委员会，2014. 水产品抽样规范：GB/T 30891—

2014 [S]. 北京：中国标准出版社.

中国水产科学研究院, 2019. 渔用钓饵配制技术与应用 [M]. 上海：上海科学技术出版社.

中国休闲垂钓协会, 2019. 垂钓场所安全风险评估方法研究 [J]. 中国渔业质量与标准, 9 (4)：1-8.

中华人民共和国国家卫生和计划生育委员会, 2015. 食品安全国家标准 鲜、冻动物性水产品：GB 2733—2015 [S]. 北京：中国标准出版社.

中华人民共和国国家卫生健康委员会, 2021. 食品安全国家标准 食品中农药最大残留限量：GB 2763—2021 [S]. 北京：中国农业出版社.

中华人民共和国国家卫生健康委员会, 2022. 食品安全国家标准 食品中污染物限量：GB 2762—2022 [S]. 北京：中国标准出版社.

中华人民共和国国家卫生健康委员会, 2024. 食品安全国家标准 食品添加剂使用标准：GB 2760—2024 [S]. 北京：中国标准出版社.

中华人民共和国国家卫生健康委员会, 国家市场监督管理总局, 2016. 食品安全国家标准 鲜、冻动物性水产品：GB 2733—2016 [S]. 北京：中国标准出版社.

中华人民共和国农业农村部, 2019. 水产养殖消毒技术规范：SC/T 6023—2019 [S]. 北京：中国农业出版社.

中华人民共和国农业农村部, 2020. 淡水垂钓场建设与管理规范 [J]. 中国水产 (7)：62-65.

中华人民共和国农业农村部, 2020. 农产品质量安全检测实验室管理规范：NY/T 5344—2020 [S]. 北京：中国农业出版社.

中华人民共和国农业农村部, 2020. 水产养殖场建设规范：NY/T 3616—2020 [S]. 北京：中国农业出版社.

中华人民共和国农业农村部, 2020. 水产养殖质量安全管理规范：SC/T 0004—2020 [S]. 北京：中国农业出版社.

中华人民共和国农业农村部, 2020. 休闲渔业池塘设施建设与维护规范：SC/T 6053—2020 [S]. 北京：中国农业出版社.

中华人民共和国农业农村部, 2021. 休闲渔业设施建设规范：SC/T 6073—2021 [S]. 北京：中国标准出版社.

中华人民共和国农业农村部，2022. 2022年国家产地水产品兽药残留监控计划国家水生动物疫病监测计划启动［J］. 中国水产（4）：42-48.

中华人民共和国农业农村部，2022. 病死水生动物及病害水生动物产品无害化处理规范：SC/T 7015—2022［S］. 北京：中国农业出版社.

中华人民共和国农业农村部，2022. 休闲垂钓场所从业人员安全培训规范：SC/T 1101—2022［S］. 北京：中国农业出版社.

中华人民共和国农业农村部. 农业农村部1077号公告：水产品中恩诺沙星、诺氟沙星和环丙沙星残留的快速筛选测定 胶体金免疫渗滤法［R/OL］.（2018-08-11）. http：//www.maa.gov.cn/gk/tzgg-1/gg/200808/t20080828_1121654.htm.

中华人民共和国农业农村部渔业渔政管理局，2022. 关于发布《水产养殖用药明白纸2024年1、2号》宣传材料的通知［R/OL］.（2022-11-05）. http：//www.yyj.moa.gov.cn/gzdt/202211/t2022115.64155-28.htm.

中华人民共和国农业农村部，中华人民共和国国家卫生健康委员会，国家市场监督管理总局，2019. 食品安全国家标准食品中兽药最大残留限量：GB 31650—2019［S］. 北京：中国标准出版社.

朱金星，2024. 村振兴背景下休闲渔业发展策略［J］. 农业产业化（12）：7-9.

朱敏豪，2025. 析中国古代垂钓文化［J］. 文化（2）：86-90.